景观都市主义

从起源到演变

LANDSCAPE AS URBANISM

Origins and Evolution

[美] 查尔斯·瓦尔德海姆 著
陈崇贤 夏 宇 译

江苏凤凰科学技术出版社

前 言

景观已然成为当代城市研究的模型和媒介。这一观点形成于 21 世纪初“景观都市主义”（landscape urbanism）的理论和实践领域。本书堪称该研究领域的第一本专题论著，在广泛的历史、理论以及文化背景条件下探究景观都市主义产生的根源。本书提出了一种通过景观媒介思考城市形态的理论框架，梳理了近年来将景观设计师视为当代城市规划者的观点，并从多元化学科构成和职业特征的角度阐述了将景观作为一种设计媒介。本书回顾了 19 至 20 世纪出现的景观设计、城市规划和城市设计等与城市建设发展相关的各种职业，论述了景观设计职业的起源，即在 19 世纪作为一门“新艺术”（New Art）肩负协调工业化城市设计与生态和社会功能关系的责任。本书把景观都市主义理论的起源定位于自由主义经济背景下不断进步的建筑文化和平民环保主义两者的结合点上。在这一背景下，大量景观实践加速了生态思想在城市人文学科中的发展，同时，因为城市设计只专注新传统模式的城镇规划，所以景观都市主义思想的产生弥补了因城市规划忽视设计文化转而崇尚社会科学所造成的缺陷。

查尔斯·瓦尔德海姆

致 谢

本书的出版得益于多年来许多个人和机构的大力支持与帮助。首先，感谢普林斯顿大学出版社的编辑团队，他们承担了这项工作并认真对待整个过程中各个阶段的细节内容。特别感谢米歇尔·科米（Michelle Komie）从一开始就对本书的工作充满热情，同时，马克·贝里斯（Mark Bellis）和普林斯顿大学出版社的团队将一份初稿整理成一部著作。

格雷厄姆艺术研究基金会（The Graham Foundation for Advanced Studies in the Fine Arts）在过去二十年里给予我一系列研究和出版基金，提供了早期正式且至关重要的制度和经济上的支持。我曾非常幸运地成为已故的时任格雷厄姆基金会主任瑞克·索拉蒙（Rick Solomon）的朋友。瑞克胸怀博大且认真负责，在参与本书工作的整个过程中一直充满无限的热情。

本书的研究和编写能够完成得益于过去十几年里任教于芝加哥伊利诺伊大学、多伦多大学及哈佛大学设计研究生院期间各种研究机构的支持。对这些机构及其领导者，我心存感激，他们多年来支持我就本书内容进行研究。此外，我在许多其他设计学院的访问教职经历也对本书的工作大有裨益，主要包括作为宾夕法尼亚大学设计课程点评老师、密歇根大学的桑德斯研究员（Sanders Fellow）、伊利诺伊理工学院德里豪斯（Driehaus）客座教授以及莱斯大学的卡利南（Cullinan）讲席教授。

在每次学术研究中，众多研究生的参与以及对这一议题的有力辩驳使我受益良多。我们经常以研讨会和讲座的形式展开讨论，大家十分耐心，并且多年来坚持不懈。我也非常高兴有幸在国际社会中各种各样的场合以公开讲座的形式介绍本书的部分成果，现场观众及时的反馈和启发无形中推进了本书的相关工作。

最初的研究和内容在多个章节中形成各种观点并持续讨论，这得益于位于罗马的美国科学院（American Academy in Rome）住宅研究经费、位于蒙特利尔的加拿大建筑研究中心（Study Centre of the Canadian Centre for Architecture, Montreal）以及位于德绍的包豪斯基金（Bauhaus Foundation, Dessau）的大力支持。同时，位于芝加哥的格雷厄姆艺术研究基金会和位于纽约的临街建筑艺术博物馆（Storefront for Art and Architecture）举办的公开讨论会和展览也推进了本书的研究工作。

在过去几年里，本书部分初稿首次以短文或章节的形式在一系列出版物上刊登出来，包括杂志如《布雷克特》（*Bracket*）、《哈佛设计杂志》（*Harvard Design Magazine*）、《景观杂志》（*Landscape Journal*）、《记录》（*Log*）、《实践》（*Praxis*）和《拓扑斯》（*Topos*）等，以及阿克塔（Actar）、普雷斯特尔（Prestel）及普林斯顿建筑出版社（Princeton Architectural Press）等机构出版的一些选集。非常感谢编辑们的辛勤工作以及对本书相关研究的大力支持；感谢詹姆斯·科纳（James Corner）、辛西娅·戴维森（Cynthia Davidson）、茱莉娅·泽涅克（Julia Czerniak）、艾希里·谢菲（Ashley Schafer）、鲁道夫·厄尔·科瑞（Rodolphe el-Khoury）、哈欣·萨奇斯（Hashim Sarkis）、艾德·因根（Ed Eigen）以及艾米丽·沃（Emily Waugh），本书涵盖了他们早期在期刊和选集中发表的部分内容。

许多人与我分享研究成果并对书中议题提出建议，我从这些经历中受益良多。在此，特别感激莫森·莫斯塔法维（Mohsen Mostafavi）、詹姆斯·科纳（James Corner）以及克里斯多夫·吉鲁特（Christophe Girot），他们经常和我讨论、交流。同时，我从许多人公开或私下的反馈中受到启发，包括大卫·莱瑟巴罗（David Leatherbarrow）、肯尼思·弗兰姆普顿（Kenneth Frampton）、迈克尔·斯梅茨（Marcel Smets）、保拉·维加恩奥（Paola Viganò）、亚历克斯·沃尔 （Alex Wall）、斯坦·艾伦（Stan Allen）、吉恩·路易斯·柯恩（Jean Luis Cohen）、皮埃尔·贝朗格（Pierre Belanger）、茱莉娅·泽涅克（Julia Czerniak）、克雷尔·里斯特（Clare Lyster）、梅森·怀特（Mason White）、艾伦·伯杰（Alan Berger）、克里斯托弗·海特（Christopher Hight）、克里斯· 里德（Chris Reed）、加雷恩·多尔蒂（Gareth Doherty）、哈西姆·萨尔基斯（Hashim Sarkis）、理查德·萨墨（Richard Sommer）、罗伯特·里威特（Robert Levit）、鲁道夫·厄尔·科瑞（Rodolphe el-Khoury）、乔治·贝尔德（George Baird），等等。

在本书出版过程中，我非常高兴得到了几位优秀编辑的赞许和建议。南希·莱文森（Nancy Levinson）编辑首先对本书主题提出了大胆的设想。同时，特别感激梅丽莎·沃恩（Melissa Vaughn）对粗略的草稿进行了适当的完善，以及几位助理研究员在过去几年对本书及相关研究做出了贡献，包括戴安娜·程（Diana Cheng）、法蒂·马苏德（Fadi Masoud）、科纳·奥谢（Conor O'Shea）、赖安·舒斌（Ryan Shubin）和阿祖·考克斯（Azzurra Cox）。同样感谢细致耐心且经验丰富的管理助手安娜达·席尔瓦·博格斯（Anada Silva Borges）、尼克尔·桑德（Nicole Sander）和萨拉·戈瑟德（Sara Gothard）。得益于他们的支持与帮助，我的许多工作顺利进行。我非常高兴将本书献给锡耶纳（Siena）和凯尔（Cale），他们在本书的构思过程中给予我无限的灵感源泉和巨大的心灵抚慰，没有他们，这一切都将无法实现。

查尔斯·瓦尔德海姆

篇章总图 路得维希·希贝尔塞默（规划师），阿尔弗雷德·考德威尔（制图者），景观中的城市，
鸟瞰图，1942 年

概 述 从图像到领域

事实上，不会再有城市了，城市就像森林一样。

——路德维希·密斯·凡德罗，1955 年

景观已然成为当代城市研究的模型和媒介。这一观点形成于 21 世纪初“景观都市主义”（landscape urbanism）的理论和实践领域。本书堪称该研究领域的第一本专著，在广泛的历史、理论以及文化背景条件下探究景观都市主义产生的根源。抛开原有景观都市主义的主张和思想，本书旨在提出一种以景观视角来思考城市发展的理论框架，而最佳方式是从相关术语的定义开始。

本书主要关注“都市主义”（urbanism），尽管是形容词修饰后的“都市主义”。书中的“都市主义”一词反映了实证性描述和城市化现状与特征的研究，也包括学科与职业为应对这些状况所发挥的作用。“都市主义”一词源于法语“urbanisme”，19 世纪末出现在英语中。作为由法语引用而来的词汇，该词体现了文化性、具象性并反映了设计学科对城市研究的维度，而这是社会科学词汇“城市化”（urbanization）无法表达的含义。“都市主义”在英语中作为一个术语，具有特殊的作用，一方面调和了社会科学和规划领域中学术和实践上的分离，另一方面反映了设计学科有关学科与职业的构想。作为这个研究的基础术语，“都市主义”以城市为研究对象，涵盖其生活经验以及通过设计与规划而发生的转变。在这个意义上，可以将“都市主义”定义为基于城市化过程和结果的经验、研究和干预。起初，考虑都市主义与景观的问题只是简单地为其加上一个形容词。在此方法下，组合的新词“景观都市主义”（landscape urbanism）由主词都市主义（urbanism）和形容词景观（landscape）构成。因此，该术语表达的是透过景观视角解读都市主义的含义；本书是一本论述通过景观视角思考都市主义未来前景的著作，而非仅仅关乎景观本身。

本书中，“景观”（landscape）一词的使用依照几种标准的英文语意。鉴于该词不能忽视的多重含义，本书认为，词义的多元性是发挥其概念和理论作用的关键。在几个不同章节的阐述中，景观的多元定义得以呈现，每个定义均对城市场地及主体问题重新进行清晰的梳理。过去数十年中，“景观”一词在英语中的词源探究已成为一个重要的学术课题。恩斯特·坎布里奇（Ernst Gombrich）、约翰·布林克霍夫·杰克逊（J. B. Jackson）、丹尼斯·科斯格罗夫（Denis Cosgrove）等人撰写了一系列相关主题的开创性文章，指出景观起源最早应该是在16世纪以一种绘画的形式出现；17世纪，景观已演变成观赏或体验世界的一种方式；18世纪，作为一种主观性的模式，景观演变成以这种方式看待“土地”的一种描述，并最终通过相关实践改变“土地”，使其达到理想的效果。本书介绍了景观在英语中的起源，即对往日都市（the formerly urban）进行描述，这证实了近年来与景观绘画起源与城市化问题密切相关的学术观点。此外，本书亦指明了景观本身的不同解读方式，并将其视为都市主义的一种形式。由此，这些论述证实了景观的多重复杂含义，以便挖掘景观改变人们对城市既有认识的潜力。

依据讨论的对象或主题，各种不同的景观含义在论述中得以明确。每种含义的使用暗示了主题概要，同时保留其精准的意义。这里的景观是指一种文化创造的类型，如同景观绘画和景观摄影。同样，景观是人类感知、主观体验或生物学功能等方面的一种模式或类型。此外，景观也被理解为一种设计媒介，使得造园师、艺术家、建筑师及工程师介入城市形态。在许多领域中，景观作为一门学科和一个职业，并拥有广阔的发展前景。鉴于这些变化及多元含义的重要性，其区别经常作为微观史学研究在针对具体问题的全面论述中予以进一步阐释。

这种观点基于景观作为各种场地的都市主义媒介而产生。许多时候，这些通过景观反思城市建设的场地受制于一种更严格的塑造城市形态的建筑学秩序。对这些场地的解读往往基于一些过去的观点，将城市视为一种建筑模型，并拥有隐喻的延伸，但这种解读已不再适用于当今普遍存在的各种变革和潮流，包括基于传统城市形态的建筑学逻辑受到生态、基础设施以及经济变化的影响，进而破裂或中断。

随着社会、技术和环境的变迁，一些场地在城市严谨的建筑学秩序中已经荒废或显得格格不入，而景观则与这些场地息息相关。景观都市主义的理论和实践被证实在思考如港口或交通廊道等大型基础设施的布局上发挥了重要作用，尤其是机场更被视为景观都市主义理论和实践的中心，其尺度、基础设施的连通性及对环境的影响力均超越了城市营造所遵循的严谨的建筑范式。

与此同时，景观也被视为在宏观经济转变后思考城市形态的有效途径，其中包含所谓收缩城市（shrinking cities）以及无数在宏观经济转变后被弃置而遗留下的棕地。因此，景观作为都市主义的媒介，经常用来消解或从某些层面削弱与社会、环境、经济危机相关的各种影响，并与处于复杂的大型生态系统和基础设施中的场地有所关联。近年来，已证实，景观与非正规城市（informal city）中的绿色基础设施问题，以及应对风险、弹性、适应性和变化等问题密切相关。这些场地和问题的叠加效应突出了以景观作为媒介和模型探讨城市这一集体性空间课题的潜力。在如此宏伟远大的构想中，蕴含着景观设计师成为当代城市规划者的可能性。由此，景观设计师应当肩负起城市形态及其建筑形式的责任，而非仅仅是建筑学体系之外的生态系统和基础设施问题。同时，景观思维使人们对城市形态的理解更加全面，理解其与社会、生态、经济等方面的相互关系。

景观都市主义的相关论述出现在20世纪末，即设计文化与平民环保主义（populist environmentalism）占主导并与不断进步的建筑文化（progressive architectural culture）及后福特主义经济体制相关联的背景之下。这些因素共同促进了城市人文学科领域生态思想的普及，景观都市主义的实践逐渐弥补了过去半个世纪里城市规划转向社会科学模式而偏离物质空间设计，以及城市设计只专注新传统模式下的城镇规划所产生的缺陷。景观都市主义实践的兴起是在自由发展的背景下，通过前卫的设计文化、环境意识的增强、设计师文化素养的提升这些看似不太可能的结合而产生的。这进一步受到与规划相关的新型公共机构以及捐赠文化的推动，而此时，城市设计和城市规划在各自理论中均宣称“正在应对危机”。

本书从景观设计、城市设计和规划等与当代城市有关的各种学科构成和职业特点的角度出发，将景观视为一种设计媒介。在19至21世纪，景观作为都市主义的一种形式，与城市建设相关的各种职业的起源和历史演变联系在一起，超越了派别和学科自身的思想理论框架，专业设计人士针对“景观与城市的关系”得出了更具历史性启示且更加全面的论断。近年来，对景观作为都市主义媒介的重新关注是过去两个世纪里的第三次“历史性重演”，第一次是19世纪景观设计作为一种应对工业城市建设的职业而诞生，第二次是 20 世纪景观规划实践的发展。

在 19 世纪工业城市密集发展的过程中，景观被视为传统城市秩序中的一种特殊存在，作为社会和空间非健康发展的一种补偿。在与成熟的福特主义工业经济相关的去中心化城市中，景观被重构成生态规划的媒介，为离心且无序扩张的城市化区域创造空间的连续性和少量的社会公正性。在当代后福特主义工业经济中，景观再次以景观都市主义的形式被重构。在这里，景观作为一种行动性的媒介，与修复福特主义经济崩溃后的工业遗址有关。在第三个时代，景观被要求通过特殊的方式与生态效能和设计文化相结合，以指导这些场地的重新发展，并构建新的城市生活形式。在这个最新的构想中，景观并非为衰败的城市结构和规划提供一个特例，而是与提供现代服务、创造性和文化经济回报的城市建设项目相融合。在这一背景下，景观都市主义在处理工业遗址的同时，还可以将生态功能融入当代城市的空间和社会秩序之中。

景观都市主义实践已被证明对不均衡发展的两端都具有推动作用——对因资本从原有空间秩序中撤出而不断衰败的城市以及充满资本的新城市形态均有作用。在某种意义上，景观在缓解 20 世纪不断变化的工业经济带来的冲击方面被寄予厚望，因为与建立在建筑学范式和隐喻原则基础之上持久但脆弱的城市结构相比较，景观媒介具有更高的可调节性和灵活度。景观策略被越来越多地付诸实施，以避免城市居民受到经济转型所带来的一系列不利的社会环境影响。本书认为，过去两个世纪中，景观已融入城市工业经济的结构性关系，并非只是风格或布景似的展示。由于宏观经济和工业转型，原先的城市形态已经不能与之相适应。因此，景观与补偿、恢复及重建城市化之后的形式密切相关成为一种普遍认知。经济地理学和主要的城市理论近年来提出了工业经济各个时期经济变革与具体的空间秩序的关系，本书也并非单纯地提出风格或文化问题，而是描述了景观作为一种思考都市主义的方式与支撑城市化进程的工业经济转变两者之间的一种结构性关系。

本书提供了一个通过景观思考城市的理论概要，因此，将城市设计和规划的起源放在景观作为建筑的形成过程中加以讨论，并提出景观设计师是当代的城市规划者以及景观都市主义作为一种新的实践形式的论断。同时，提醒人们在 20 世纪最受环保思想启发的规划实践中景观所扮演的核心角色。本书将景观都市主义理论的起源定位于后现代建筑思想及其对现代规划批判的背景之中。致力于以城市为研究对象的建筑师和规划师仍然对与后现代主义有关的风格争端持谨慎态度，对其来说，项目和事件已经出现在建筑学术语中，进而替代了“城市”。对许多有意于将城市作为一个社会性项目但又希望避开城市建筑的 1968 年以后的建筑师或者规划师而言，社会关系的密度成为“城市”的替代品，即使在缺少适合的建筑居住设施的情况下也是如此。其中，许多倡导者乐于将景观作为都市主义的一种形式，抛开建筑的束缚，将景观看成是社会交往和既定活动的特殊混合体。

在这一背景下出现的景观都市主义理论和实践推动了 20 世纪一些与之类似且与社会和环境部门相关的各种规划实践。就某一方面而言，景观都市主义者行动纲领（landscape urbanist agenda）颇具历史意义，而本书重新梳理了这一特定的谱系，并总结了 19 至 20 世纪以生态理念为指导的规划实践。这些先例通过空间形式对生态功能和社会公平进行研究。在众多作品中，路德维希·希尔贝塞默（Ludwig Hilberseimer）的作品最为突出。通常，这些项目采用政治或文化批判的形式，如安德烈·布兰齐（Andrea Branzi）的作品，与应对现代环境和政策危机的许多失败的现代主义规划实践形成了鲜明的对比。景观都市主义的典型案例也是悠久的生态规划思想传统的一部分，这种通过生态知识规划城市的传统是后现代时期形成景观都市主义理论必要但不充分的前提条件。景观都市主义的理论和实践以生态规划的思想和实践传统为基础。然而，只有通过现代主义生态规划与后现代建筑文化看似不可能的交叉融合，景观都市主义才会出现。生态规划以区域作为经验观察和场地设计干预的基本单位，景观都市主义也延续了以区域作为生态调查和分析的尺度，然而在大多数情况下，其干预的尺度主要是工业经济重组的结果。

在重新审视 19 世纪景观设计作为一个新的职业和学科的起源、要义及基本要求和基础时，本书回顾了景观作为一种流派的起源，将其最初的推动力归因于收缩城市中原有的城市场地。这些阐释提供了对景观设计领域中规划起源的新见解，同时阐明了尚未被认知的城市设计起源及其学科框架纳入景观设计的可能性。这部分还提出了有关建筑隐喻与城市秩序的关联性，以及在当代全球城市化趋势背景下建筑物地位等关键问题。

为构建一个反思城市形态的理论基础，本书详细介绍了许多案例、背景和场地等内容。这种来自不同学科和理论资料的叠加，承认了学科边界的重要性，同时基于一系列观点、背景及案例对城市建设形成更具关联性的解读。总而言之，这些资料意味着进行理论建设是学科构建和改革的必要基础。即便讨论的内容还不够全面，但本书希望成为观点连续、思想深刻且像专题论著一样的主题性著作，并且其中一些主题和观点已通过期刊、短篇选集或简短的项目和说明予以讨论。

本书由九个章节组成，通过三个部分介绍景观都市主义的思想发展史。第一部分，即第一至三章，梳理了景观都市主义的理论和实践，将景观都市主义理论的出现置于后现代建筑文化以及对现代主义规划批判的背景中，并宣称景观设计师是这个时代的城市规划师。第二部分，即第四至六章，揭示了景观都市主义出现的经济和政治背景，将景观都市主义实践的起源定位在后福特主义城市化的新自由主义经济背景中，而非其声称的“起源于建筑文化的自主性”。第三部分也是最后一部分，即第七至九章，回顾了这一主题所暗含的各种表现形式，重新审视了 19 世纪景观设计作为一个学科和职业的起源，其致力于城市建设，而非如田园牧歌般地游离在城市之外。

第一章“视景观为都市主义”梳理了新词“景观都市主义”的最初构思，提供了起源于 20 世纪七八十年代对现代主义规划进行后现代主义批判的思想谱系，并进一步阐述了这一思想根植于 20 世纪 90 年代史坦·艾伦（Stan Allen）、詹姆斯·科纳（James Corner）、肯尼斯·弗兰姆普敦（Kenneth Frampton）、拉茨·利洛普（Lars Lerup）、伯纳德·屈米（Bernard Tschumi）和雷姆·库哈斯（Rem Koolhaas）等人的批判性文章和经典项目中。本章介绍了库哈斯对于“非物质性拥堵”（congestion without matter）的探讨、屈米对“开放式操作”（open work）的关注、弗兰姆普敦的“巨构作为一种城市景观”（mega form as urban landscape）和“针灸疗法的都市主义”（acupunctural urbanism）的概念、利洛普的“动物园冠层”（zoohemic canopy）的概念，以及“都市主义由‘刺激和碎屑’（stim and dross）组成”的构想。艾伦对基础设施和水平表面作用维度的研究与科纳关于当代都市主义操作方法的阐述密切相关。整体而言，这些重要概念共同构成了 20 世纪末“景观都市主义”的思想基础。

第二章“自主性，不确定性，自组织” 建立在上一章讨论的“开放式操作”的基础之上，探究了后现代主义时期文学批评、语言学和批判性理论对建筑理论的影响。景观都市主义理论产生于新先锋主义建筑对隐藏作者身份、开放性概念以及与景观生态不确定性关系的探讨中。在这一脉络中，对不确定性和隐藏作者身份的研究发现了自然界中类似的存在，即没有人类干预的自我调节系统。后现代建筑文化对于功能或使用性的摒弃成为批判性或文化价值的象征，如彼得·艾森曼（Peter Eisenman）在 1976 年发表的文章《后功能主义》（*Post Functionalism*）之所见。这些关于作者身份问题的研究适用于历史先锋派的文化实践。后现代建筑中推迟、隐藏或疏远作者身份的策略成为公认的批判性建筑的方法，并被 20 世纪 90 年代的城市规划者以及 20 世纪 90 年代和 21 世纪前十年早期的景观都市主义倡导者所采用。这一代建筑师和城市规划者通过自主性和质疑作者身份表达作品的批判维度，同时，将景观视为一种都市主义形式的倡导者也阐述了将生态学同样视为自主性、开放性和不确定性的可能。本章通过在景观和都市主义中重新审视作者身份问题分析了一系列包含批判性观念的知名作品，而这些作品也被随之而来的新景观都市主义理论和实践所取代。

第三章“规划，生态，景观的出现”概述了当代景观都市主义实践与城市规划学科和职业使命之间的关系，并阐释了当代景观都市主义实践与早期生态规划实践之间的延续与断裂。生态和景观规划实践为 20 世纪末的景观都市主义理论与实践奠定了必要但不充分的基础。本章指出，早期较为成熟的景观都市主义作品与非传统规划师和机构、新自由主义实践以及兴起支持设计文化和环境绩效的公益事业有关。

1968 年后，北美学院派的激进主义规划导致城市规划偏离设计文化且忽视空间规划，转向侧重社会科学。这是一种与北美经济和政治变革相关的历史性转变，趋向于新自由主义和不加干预的发展模式，而非传统福利国家的公共规划。这些转变对保留至今的那些受环境保护或生态理念启发的规划实践产生了重要影响。北美政府对规划的控制能力逐渐减弱之时，恰好是伊恩·麦克哈格（Ian McHarg）及其同时代的景观规划者实践作品最具影响力的时刻。本章同时指出，景观都市主义实践与北美城市设计的起源和发展有关，并将景观都市主义视为新传统城镇规划策略的替代品。这一策略倡导回归 19 至 20 世纪早期的城市空间肌理。在这一点上，景观都市主义体现了在工业时代到后工业时代经济转型背景下不断进步的建筑文化和环境绩效之间看似不可能的结合。

第四章“后福特主义经济和物流景观”将近来重新关注景观作为都市主

义媒介的问题置于从工业化的福特主义生产经济向后福特主义消费经济转变的背景中来讨论。戴维·哈维（David Harvey）的研究清晰阐明了设计和规划通过空间和文化创造对设定和孕育城市特色的作用。哈维关于“空间定位”（spatial fix）的概念解释了从工业时代到后工业时代城市经济的空间转型中景观媒介所扮演的角色。同样，这一观点还可以在他将艺术和设计文化的风格变化放到更大的经济结构变革之中的论述中得到印证，而这建立在景观都市主义优越性的基础之上。

此外，本章还指出，景观都市主义实践的产生与当代城市化的经济结构有关。最近，经济地理学的研究将城市化界定为三个时期：19世纪“前福特主义”（pre-Fordist）工业经济的密集时期，20世纪“福特主义”（Fordist）经济的去中心化时期和21世纪“后福特主义”（post-Fordist）经济的疏散时期。在19世纪的大都市中，景观被认为是城市空间结构中的特殊存在，通常是以公园或公共领域改造的形式出现，并试图改善社会和环境状况。在去中心化的20世纪城市中，景观作为一种规划媒介，提供空间的限定与结构。最后，在全球城市化的21世纪城市中，景观以“景观都市主义”的形式出现，并在缓和经济空间秩序的转变方面被寄予厚望。在这个最新的构想中，景观修复了先前的城市工业化地区，激发了这些废弃和被破坏地块的文化、经济和生态潜力。本章基于哈维所做的景观研究，认为景观都市主义实践的出现是对先进的资本主义文化背景的结构性回应，证明了景观为当代经济重组提供了特定的空间秩序。就这一点而言，成熟的景观都市主义实践被认为特别适合作为一种解决策略，应对如下一章所描述的“往日都市”（formerly urban）那样正处于收缩之中的城市。

第五章和第六章将经济结构和空间秩序的问题扩展到景观都市主义实践的另一个领域，即收缩城市。第五章“城市危机和景观起源”将底特律作为后福特主义时代先进工业经济形式的典型，并通过阐明和展现城市废弃现象明晰了这一西方景观类型的起源。本章建立在针对以往城市的废弃及再利用的空城（disabitato）概念上。一个关键的参考是克洛德·洛兰（Claude Lorrain）的素描和油画被具有现代园艺品位的英国大众所接受，以及洛兰关于往日都市的描绘对“什么才是景观设计？”观念的形成带来了巨大的影响。

第六章“城市秩序和结构的变革”继续讨论城市经济和收缩城市问题，认为早期的景观都市主义实践已预料到城市去中心化的趋势。本章回溯了路德维希·希尔贝赛默的“聚落单元”（settlement unit）理论及其唯一的建造实例——底特律拉菲亚特公园（Lafayette Park）。希尔贝赛默的规划实践是当代景观都市主义研究的一个重要先例，也是一个相对而言并未被充分研究的景观作为都市主义媒介的范例。在拉菲亚特公园，景观作为城市秩序的驱动力，对成熟的福特主义城市空间疏散具有特殊的预见和应对能力。此外，希尔贝赛默的规划利用景观将居民与福特主义经济造成的空间重构而造成不利的社会和环境影响分隔开来。

第七章“农业都市主义和俯视的主题”回顾了 20 世纪景观规划实践作为景观都市主义的先例，重点关注希尔贝赛默提出的“新区域模式”（New Regional Pattern）。希尔贝赛默的规划理论是 20 世纪规划领域农业都市主义的一个典型，非常突出且具有普遍性。在众多城市理论中，他的理论被认为与弗兰克·劳埃德·赖特（Frank Lloyd Wright）的“广亩城市”（Broadacres）和安德烈·布兰兹（Andrea Branzi）的“新经济领地”（Territory for the New Economy）密切相关。这些实践缓和了城市与乡村的传统对立，有利于更加全面地构建城市生活的经济和生态秩序。这些项目是对福特主义范式的经济和环境背景做出的批判性回应，隐含了城市生活俯视性主题的新形式。俯视性的表达方式不仅仅是一种全新的表现视角或分析工具，更体现了项目的重要性及其受到认可的关键所在。在这个方面，整体性的俯瞰视角创造了一种新型的观察形式，即“土地的俯视性主题”。

第八章“俯视表现和机场景观”通过回溯俯视表现法在景观都市主义中的作用和地位，进一步聚焦 20 世纪景观规划实践的俯视性主题。本章涉及俯视性主题的问题，对景观都市主义特定的表现模式进行了阐释，包括整体的鸟瞰视图和分解的轴测图，这些图用来解释景观都市主义实践的尺度及其与环境的关系，并与诸如平板画、蒙太奇以及轴测图解等极富特色的设计文化谱系保持连续性，增加了城市设计实践中水平领域的可识别性。这些表现的视角以及俯视主题的专属特征，使机场景观成为景观都市主义实践中最为瞩目的场地之一。

也许与其他城市类型一样，机场具有大都市区域中普遍的巨大水平性、严重污染以及非生物功能等特征已成为景观都市主义理论和实践关注的焦点。对由基础设施构成的水平场地绩效感兴趣的景观规划师而言，港口，尤其是机场，堪称景观规划理论中最重要的领地。这可以从一系列案例中得到证实，这些案例包括对现有机场进行生态和城市化整治以及将淘汰的机场改造为公园，以促进城市更新。

在第九章“视景观为建筑”中，景观设计作为一种职业初衷，这种“新艺术”的支持者在 19 世纪下半叶将景观作为一种建筑形式，与建筑合并在一起。在“建筑 – 景观设计师”（architecte–paysagiste）这一双重身份的语境中回顾了这一概念在法语及亲法（Francophone and Francophile）语系中的起源。本章讲述了弗雷德里克·劳·奥姆斯特德（Frederick Law Olmsted）采用这一术语和放弃英语“风景造园”（landscape gardening）的提法。在认同奥姆斯特德担忧在英语中景观设计是“令人失落的命名”（miserable nomenclature）的前提下，重新回顾了如何在建筑行业中寻找一个可以替代艺术家或园艺师的新领域。这一新职业的首要职责是通过基础设施和公共领域的改善来组织空间和城市秩序，而不仅仅是照料植物或花园。就这一点而言，景观最初的起源通过基础设施和生态功能建设根植于城市建设项目中。作为证据，本章讲述了现代意义上景观设计师接受的第一个委托任务，即奥姆斯特德和福克斯在曼哈顿 155 街（Manhattan above 155th Street）的规划委托案。这个项目并非设计一个公园、游乐场地或私家庭院。因此，景观设计在 19 世纪作为一个新的职业，致力于现代大都市的建设。

景观设计起源于 19 世纪的巴黎和纽约，在此基础上，本章讲述了景观设计在东亚城市化背景下的新兴角色，并总结了中国景观设计师俞孔坚及其北京土人城市规划设计有限公司，即中国景观设计咨询领域的首个私人公司。俞孔坚的中国国土生态安全格局规划（Chinese National Ecological Security Plan）包含他在哈佛大学所学的由生态规划和数字化地图分析转化而来的知识体系，其所做的一系列生态规划实践几乎让北美在该领域黯然失色。

本书的结尾，“从景观到生态”针对近期的“生态都市主义”（ecological urbanism）构想做了一个简要介绍，表明生态都市主义以更加清晰明确的方式成为景观都市主义思想的一种延伸，同时承认，生态都市主义作为一种批判方式，对景观都市主义有时依赖于不可预测的景观范畴进行批判。

目 录

篇章总图 雷姆·库哈斯/大都会建筑事务所，巴黎拉维莱特公园竞赛，活动内容并置的卡通轴测图，1982 年

第一章 视景观为都市主义

景观正在成为都市主义的模型，这一趋势会愈发明显。

—— 斯坦·艾伦（Stan Allen），2001 年

20 世纪初以来，景观已成为当代都市主义的研究模型。在这期间，景观设计学也经历了一段时期知识和文化的复兴。在很大程度上，景观学科的革新与城市相关的讨论有关，这些可能归因于这种复兴或大众环境意识的提高，但景观却成为一个具有历史意义且基于建筑、城市设计或规划进行讨论的学科。

被本书记录在案且体现景观都市主义思想的许多概念和实践都源自与城市研究有关的学科。因此，景观都市主义体现了一种对建筑和城市设计无法创造令人满意的当代城市环境的含蓄批判。在这一背景下，关于景观都市主义的论述可以视为一次学科重整，其中景观代替建筑而成为城市形态基本建造单元的历史性角色。在众多学科中，已有许多学者阐述了这一新的发现，即景观与所描述的当代城市短暂易变性（temporal mutability）与水平延展性（horizontal extensivity）特征具有相关性。在这些学者中，声称景观具有这方面潜力的是建筑师斯坦·艾伦（Stan Allen），他认为“传统上，景观被定义为组织水平表面的艺术……通过密切关注这些表面状况——不仅是布局，还有物质和表现形式——设计师可以不用通过以往繁重的空间组织形式激活空间并创造城市。”[1]

这种效应——过去是简单地通过组织水平表面建造建筑物，进而创造城市形态——使景观媒介可以适用于当代城市环境。大多数情况下，传统城市设计中“繁重的组织”（weighty apparatus）在快速变化的当代城市文化背景中表现出高成本、低效率且不灵活的弊端。

景观设计师詹姆斯·科纳（James Corner）对景观作为都市主义模型的观点做了清晰的阐述。他认为，只有通过对建筑环境中的不同构成进行整合和富有想象力的重组，才能跳出当前处于后工业现代性的死胡同以及规划职业“官僚主义和缺乏创意”的困境。[2] 近年来，他的作品对“什么样的景观设计是当今职业的关注点”进行了大量批判，特别是为其他学科将环境工程化和工具化的处理方式提供了另一种景观化的展现方式。[3] 对科纳来说，许多景观设计师倡导的狭隘生态纲领，只不过是一道防御线，即假设原本就存在于人类社会或文化建设之外自主的“自然”。由于在全球城市化面前缺乏经验或无法把握，因此，科纳和许多其他设计师提出了平民环保主义和山水田园思想。[4]

景观都市主义的理论和实践直接建立在区域环境规划的原则之上，从帕特里克·格迪斯（Patrick Geddes）和本顿·麦凯（Benton MacKaye）到路易斯·芒福德（Lewis Mumford）以及伊恩·麦克哈格（Ian McHarg）的研究中可以得到证实，但由于综合了设计文化、生态和城市化，因此与这一谱系仍有显著区别。[5] 科纳本人也是麦克哈格的学生，虽然他承认麦克哈格具有广泛影响力的《设计结合自然》（*Design with Nature*）的历史重要性，但他反对麦克哈格在区域尺度环境规划实践中所暗含的自然与城市对立的思想。[6]

景观都市主义的起源也可以追溯至对现代主义建筑和规划进行后现代批判的基础上。[7] 这些批判正如查尔斯·詹克斯（Charles Jencks）和后现代建筑文化的其他支持者所提出的，指责现代主义不能创造一个“有意义”或

“宜居”的公共领域；未能认识到城市是一个集体意识的历史性创造，无法与多元化的大众进行互动。[8] 事实上，正如詹克斯在 1977 年宣称的“现代建筑的死亡”（death of modern architecture）恰好与美国工业经济的危机相一致，标志着消费市场向多元化转变。[9] 后现代建筑布景式的方式并没有，实际上也不能解决走向城市形态分散化的现代工业化社会结构状况。目前，这种分散化趋势不断在北美迅速发展，完全没有受到简单的建筑文化风格变化的影响。

当面临与工业化及现代化过程相关的社会和环境挑战时，后现代建筑回到追求怀旧而令人舒适的形式，即看似稳定、安全且更持久的城市布局方式。后现代建筑师借鉴欧洲传统城市的经验，发起了一场强势的文化回归，通过个体建筑设计唤醒一种缺失的环境，就好像邻里的建筑特征可以否定一个世纪的工业经济。这时，占主导地位的城市设计学科则把关注的重点扩展到怀旧的城市消费层面。与此同时，城市规划学完全放弃了在政策、程序及公共治理等相对收效甚微的领域中寻求解决途径。[10]

后现代主义所谓的强调秩序（rappelleál’ordre）其实是指责现代主义忽视了步行道尺度、街道网格连续性和建筑环境特征等传统城市的基本原则。正如相关记载中所述，后现代主义的推动力同样可以被理解为希望与不同大众进行互动或将建筑商品化以满足多元化消费者市场的需求。然而，倘若流动性加剧且经济结构调整对传统城市形态产生持续性影响，那么依赖于风格样式和空间序列的建筑将难以持续。当代城市极大的不确定性和流动性是新传统城市规划衰败的原因，但这正好是 20 世纪末期新兴的景观都市主义作品所蕴含的特质。这在巴塞罗那 20 世纪 80 年代和 90 年代初的公共空间和建筑项目中得到体现，其主要集中在加泰罗尼亚首府旧城中心。最近，巴塞罗那致力于重新开发机场、物流区、工业化滨水空间、城市河道和水处理设施。这项工作与其说与建筑和广场相关，不如说与大型景观基础设施相关。这些范例以及荷兰最近的实践揭示了大尺度景观作为城市基础设施要素的作用。当然，也有许多关于 19 世纪城市景观设计将景观与基础设施相结合的例子——奥姆斯特德的纽约中央公园（Central Park）和波士顿后湾（Back Bay Fens）即为典型范例。与此相反，当代景观都市主义实践反对在“自然”的田园景象中伪装生态系统。同时，推崇基础设施系统和公共景观能够为城市场所自身创造有序的机制。

正如科纳、艾伦和其他人描述的那样，景观是一种具有应对临时变化、转变和适应性等独特能力的媒介。这些特性促使景观成为当代城市化进程的类似体，作为一种媒介尤其适合当代城市环境所需的开放性、不确定性和变化性。正如艾伦提到，“景观不仅是当今都市主义的形式化模型，也许更重要的是，它是一个过程的模型。”[11]

最早揭示景观具有作为城市化进程模型潜力的项目源自一批欧洲建筑师和城市规划师，他们对将项目和事件作为当代都市主义的替代品非常感兴趣。其中宣称景观可以等同于程式化改变的是入围 1982 年巴黎拉维莱特公园竞赛（competition for Parc de la Villette）的一、二等奖作品。竞赛要求在一个超过 50 公顷的场地上设计一座“21 世纪的城市公园”（Urban Park for the 21st Century），这里曾经是这个城市最大的屠宰场。拆除巴黎屠宰场并用大量公共活动取而代之，这正是全球后工业化城市正在不断增加的实践类型。正如北美的唐斯维尤（Downsview）和弗莱斯基尔（Fresh Kills）等近期的设计竞赛那样，拉维莱特公园提出景观作为城市转型的基本框架，这些需要转型的部分曾经是城市的一部分，但由于生产和消费经济的转变而被遗弃。拉维莱特公园竞赛是一个大型公共项目的开端，其中景观被认为是一种综合媒介，能够应对大型后工业化场地中城市基础设施、公共事件和城市未来的不确定性关系。[12]

拉维莱特公园竞赛收到了来自 70 多个国家的将近 470 个入围作品，大多数作品参照以往的公共公园形式以及传统城市更新的各种类型，但其中两个作品清晰地标示着范式的转变，虽然还处于重构当代都市主义的探索过程中。伯纳德·屈米工作室的获奖方案代表景观都市主义发展过程中的一个思想飞跃。该设计将景观作为最优途径，协调随着时间发展而发生变化的活动内容和社会，尤其是城市活动的复杂演变过程。这个作品进一步激发了屈米对重构事件和活动项目的浓厚兴趣，并将其作为合理的建筑学思考代替在后现代建筑学领域中占主导地位的风格问题。正如其在作品中所表述的，“20世纪70年代，对城市构成的研究重新兴起，包括类型学和形态学；同时，分析研究主要针对城市历史方面，很大程度上缺少统筹辩证思考，也未曾分析和研究城市中的活动、功能和活动项目组织等问题，还未像建筑形式或风格那般精雕细琢。”[13]

对于景观都市主义的发展同样具有重要意义的是由雷姆·库哈斯的大都会建筑事务所（the Office of Metropolitan Architecture）提交的二等奖作品（图 1.1、图 1.2）。这个未建成的方案探讨了公园各种活动形式间的随意并置。库哈斯特有的平行条带似的景观组织方式，虽然现在已司空见惯，但其激进地将毫不相融的内容并置在一起，启发了他对曼哈顿摩天大楼相邻楼层上各种活动形式采用剖面并置的表达方式，这在其《疯狂的纽约》（*Delirious New York*）一书中可以见得。[14] 根据库哈斯的设想，将对公园的基础设施进行巧妙且适当的组织，以应对随时间变化出现的未来利用方式的不确定性和不可见性。正如库哈斯所做的项目描述，“可以预见在公园的生命周期中，其内容将经历不断的变化和调整，公园发挥的作用越大，越可能处于永恒的修整状态……以活动内容不确定性的潜在规律作为概念的基础，允许任何转变、修整、代替或更换的出现，而不影响最初的设想。”[15]

屈米和库哈斯的拉维莱特公园项目通过对具有开放性和不确定性的后现代思想加以实施，体现了景观作为一种媒介所发挥的作用，呈现了一分层级、无等级、灵活且具有战略意义的都市主义特征。这两个设计提供了一个景观都市主义的原型，即构建一个水平向的基础设施网络，或许可以适应在未来

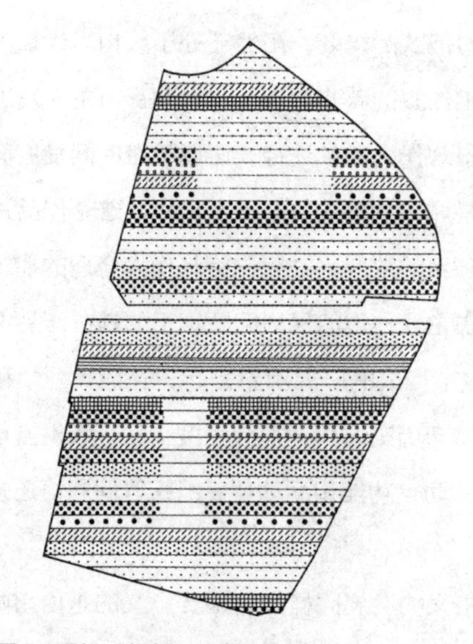

图 1.1 雷姆 · 库哈斯 / 大都会建筑事务所，巴黎拉维莱特公园竞赛，带状图解，1982 年

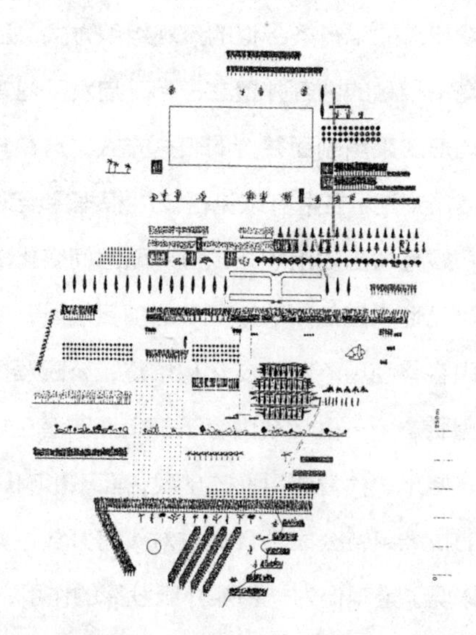

图 1.2 雷姆 · 库哈斯 / 大都会建筑事务所，巴黎拉维莱特公园竞赛，轴测种植图解，1982 年

发展过程中出现的各种有计划和无计划、设想和无设想的城市活动。

在拉维莱特公园形成一定的影响之后，建筑领域也愈发认识到景观作为当代城市可实施框架的作用。各个行业也认为，景观已成为与当代城市最相关的媒介，应该对其充分利用，以营造有意义且可行的公共环境。或许可以再来回顾一下建筑历史学家和理论学家肯尼思·弗兰姆普敦（Kenneth Frampton）的思想在这一阶段发生了什么变化。在20世纪80年代，弗兰姆普敦哀叹构建一个理想城市形式的阻力是既定的投机资本和增长的汽车工业。正如他提到的，“现代建筑如今已普遍被优越的现代科技所笼罩，以至于创造一个有重要意义的城市形式的可能性变得微乎其微。机动车的扩张和土地利用开发的反复无常，这两个制约因素共同对城市设计的发挥空间造成了一定程度的限制，即任何设计的干预都趋于减少，无论操控必要性创造决定的要素，还是现代社会发展所要求的有利于市场和维持社会秩序的一些表面性装饰。”[16]为对抗优越的现代科技（optimized technology）力量，弗兰姆普敦主张一种以建筑为抵抗（resistance）的方式。然而，在后来的十年里，他所推崇的以建筑作为地域保护抵制全球化趋势的手段已让位于景观，并认可了景观在创造城市秩序方面所具有的特殊作用。后者认为，景观不仅仅是形式主义的存在，更重要的是，可以在市场生产的潮流中构建有意义的联系，进而带来更大的发展空间（尽管这一可能性在当前仍然比较渺茫）。到了20世纪90年代中叶，弗兰姆普敦已经接受了这个事实，并解释道：“大都市的反乌托邦已成为不可逆转的历史事实，即便不是一种新的存在（形式），却在很早以前就已经孕育了一种新的生活方式……我建议，构想一种修正性的景观，在目前破坏性的人为世界商品化关系中发挥关键且弥补性的作用。”[17]

把弗兰姆普敦和库哈斯放在一起讨论也许有点奇怪，因为弗兰姆普敦的兴趣在于抵制全球化的地域文化，这无法与库哈斯参与的极其现代化思想的项目并置讨论。尽管他们拥有不同的政治文化背景，但20世纪90年代中期，令人出乎意料的是，库哈斯和弗兰姆普敦的观点不谋而合，即在景观媒介已取代建筑而作为最有能力指导当代都市主义这一事实上达成共识。正如库哈斯在 1998 年所说："建筑不再是城市秩序的主要元素；越来越多的城市秩序由一个薄的水平向植物表面组成。同时，景观也越来越多地成为城市秩序的主要元素。"[18]

第三个重要的思想观点是彼得·罗（Peter Rowe）在《创造中间景观》（*Making a Middle Landscape*）一书中对规划过程中自由的经济发展和公共—私人合作关系所做的详尽阐述。[19] 有趣的是，罗的结论并没有什么不同；他倡导设计学科在传统城市中心和郊区绿地的"中间"地带促进公共空间发挥有意义的关键作用。弗兰姆普敦对罗的观点做了总结，指出两个要点："首先，应该优先考虑景观，而非独立的建筑形式；其次，迫切需要将某些大都市的类型如购物中心、停车场和商务区公园转变成景观化的建造形式。"[20]

在这一背景下，景观不仅是一种设计媒介，也是一种文化形式——通过它，可以观察并描述当代城市。同时，库哈斯的立场因清楚明晰而备受关注。[21] 他将亚特兰大作为当代北美城市背景的典型："亚特兰大没有城市的传统特征；它不密集，是一个稀疏、薄毯式的栖居场所，一种至上主义绘画似的场地构成。最突出的背景环境是植被和基础设施：森林和道路。亚特兰大并非一个城市，而是一种景观。"[22]

通过景观这一视角观察当代城市的趋势，在运用景观生态学术语、概念和操作方法的项目和理论中最为明显。[23] 这揭示了景观都市主义暗含的主张，即环境（自然）和基础设施（工程）系统之间的融合、整合和流动交换。虽然这种重新思考城市与景观相关性方面的新发现首先体现在建筑师的工作中，但它迅速在景观设计师自身的工作中得以证实。虽然最初被大西洋两岸主流的景观设计思想边缘化，但景观都市主义思想已或多或少地在全球范围内被该学科充分吸收。究其原因，是对景观设计作为一门学科和文化类型进行至关重要的重新评价。基于此，这对于认识近期的景观复兴，尤其是景观作为都市主义的一种形式非常有价值，因为后现代思想对该领域的影响相对滞后。

景观设计学科正在检验其自身的历史和理论基础，而此时环境问题愈发受到重视，大众开始意识到，景观可以作为一种文化类型。与此同时，许多景观设计工作已能肩负起过去城市设计师和规划师的职责，这使景观设计师有能力填补由于大多数规划倾向社会科学偏离设计文化所造成的职业空缺。同样，在此期间，越来越多的景观设计师参与到后工业场地建设以及各种基础设施系统如电、水和公路系统等工作中。澳大利亚景观设计师理查德・韦勒（Richard Weller）描述了景观专业的新领地："由于社会从最初的工业向后工业、信息社会转变，后现代景观设计在清除现代社会留下的基础设施中做出了巨大贡献（至少在发达国家中）。日常的景观实践往往在基础设施的背景下进行，比基础设施本身更享有介入其中的优先权。然而，正如每个景观设计师所知，景观本身是所有生态交互必须经过的媒介：它是未来的基础设施。"[24]

景观作为一种修复性实践所发挥的作用——一种治疗工业时代创伤的"药膏"——在许多景观设计师的工作中显而易见。彼得・拉茨（Peter Latz）在德国北杜伊斯堡炼钢厂公园（Duisburg Nord Steelworks Park）和理查德・哈格（Richard Haag）位于西雅图的煤气厂公园（Gas Works Park）项目就是这种趋势的有力例证。哈格里夫斯事务所（Hargreaves Associates）、场域运作景观设计事务所（Field Operations）和朱莉・巴格曼（Julie Bargmann）DIRT 设计工作室的实践项目同样具有代表性。早期景观都市主义实践的另一个关键策略是将交通基础设施融入公共空间。巴塞罗那的公共空间和周边道路改善项目，包括艾瑞克・巴特尔（Enric Batlle）和琼・罗伊格（Joan Roig）的蝶式公园（Trinitat Cloverleaf Park）等项目，都体现了这一点。这种项目类型——通过景观将基础设施嵌入城市构造——已有成熟的先例，巴塞罗那的外围道路工程项目就是非常典型的案例。该项目将公共公园的设计和建造与公共交通运输系统同时进行，由此，设计巧妙地从一个纯粹的人造市政工程转变为满足复杂需求的综合体，而市政工程和景观具有相同的地位。

景观作为都市主义媒介的一个更重要的体现是位于鹿特丹的 West 8 景观设计事务所（West 8 Landscape Architects）总设计师阿德里安·高伊策的作品。West 8 打造了各种尺度的项目，阐述了景观在塑造当代都市主义中的多元化角色。[25] 其中，几个项目独出心裁地梳理了生态和基础设施的关系，并未强调中等规模的建筑或城市项目，而倾向于大尺度的基础设施图解和小尺度的物质条件。

例如，West 8 的“壳”项目（Shell Project）选用深色和亮色的蚌壳，深色和浅色羽毛的鸟类能够从中觅食（图 1.3 至图 1.6）。两侧路肩被设计成深浅两色条带状表面，沿着公路通往人造的东斯海尔德河（East Scheldt）风暴潮防护岛。该项目将生态学的自然选择进行组织，并利用汽车为公众提供感官体验。相比之下，城市风景大道的历史先例均旨在重现田园般的“自然”形象，非常典型，而非以任何实质的方式介入周边生态环境。同样，这一观点也体现在 West 8 对阿姆斯特丹史基浦机场（Schiphol Airport）富有雄心的景观规划中。在该项目中，West 8 放弃传统的详细种植设计手法，转而采用以向日葵、三叶草和蜂箱为主的总体策略（图 1.7 至图 1.9）。通过避免详细的设计和精准的组合，该方案能够应对未来史基浦机场在活动内容和决策层面的变化。早期景观城市主义实践的另一个例子是 West 8 在阿姆斯特丹港口的斯波伦堡（Sporenburg）和伯尼奥（Borneo）的重建计划。由 West 8 组织的这个大规模重建规划设计是一个巨大的景观都市主义项目，其中融入许多其他建筑师和设计师的作品。项目提出多元化景观都市主义策略的可能，即置入许多小型园林庭院和院子，以便委托许多设计师负责私人住宅单元。总的来说，West 8 近年来所涉及的项目类型说明景观设计作为一种职业，取代建筑、城市设计和规划，负责经济结构调整后的后工业城市场地的重组已成为可能。

21 世纪初，北美巨大尺度工业用地再利用的几个国际竞赛提出以景

图 1.3 阿德里安 · 高伊策 / West 8 景观设计事务所，东斯海尔德风暴潮防护堤，泽兰，鸟分析图，1990 至 1992 年

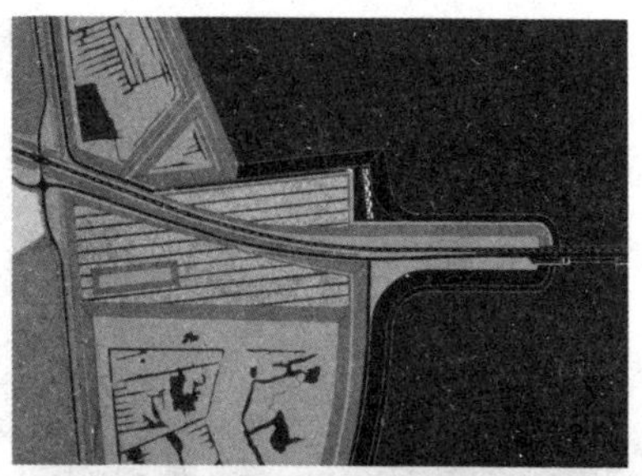

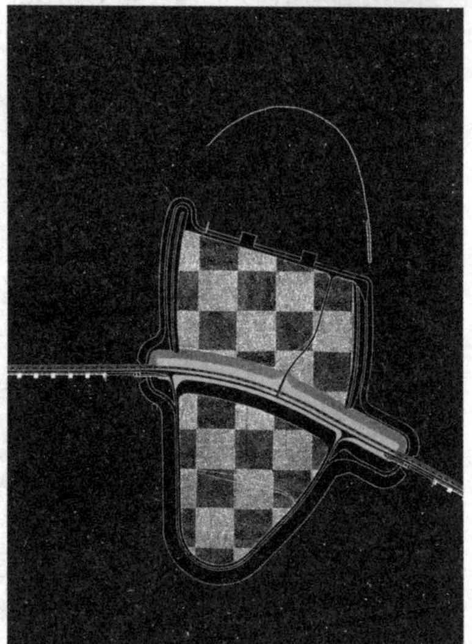

图 1.4 阿德里安 · 高伊策 / West 8 景观设计事务，东斯海尔德风暴潮防护堤，泽兰，平面图，1990 至 1992 年

图 1.5 阿德里安 · 高伊策 / West 8 景观设计事务所，东斯海尔德风暴潮防护堤，泽兰，鸟瞰图，1990 至 1992 年

图 1.6 阿德里安 · 高伊策 / West 8 景观设计事务所，东斯海尔德风暴潮防护堤，泽兰，贝壳，1990 至 1992 年

图 1.7 阿德里安 · 高伊策 / West 8 景观设计事务所，史基浦阿姆斯特丹机场景观，绿色凝视蒙太奇，1992 至 1996 年

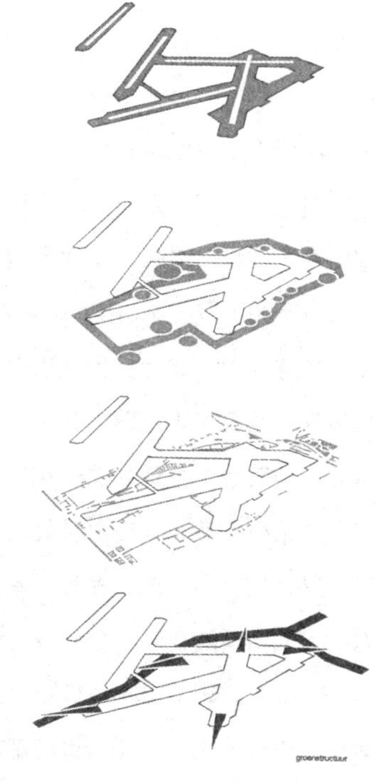

图 1.8 阿德里安 · 高伊策 / West 8 景观设计事务所，史基浦阿姆斯特丹机场景观，绿化结构图解，1992 至 1996 年

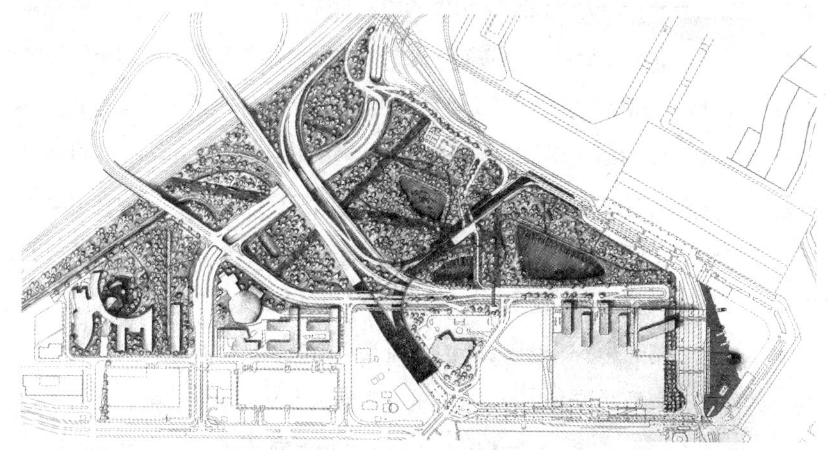

图 1.9 阿德里安 · 高伊策 / West 8 景观设计事务所，史基浦阿姆斯特丹机场景观，平面图，1992 至 1996 年

观为主要媒介的构想。位于多伦多的一个废弃空军军事基地登士维公园（Downsview Park）以及纽约史坦顿岛上世界上最大的垃圾填埋场弗莱雪基尔斯（Fresh Kills）是这些趋势的代表，这些项目提供了较成熟的景观都市主义运用于工业城市领地的实际案例。[26] 虽然这两个项目之间存在显著的差异，但登士维和弗莱雪基尔斯项目代表一种新的共识，即环境设计者在将景观作为一种媒介进行后工业化城市的改造中表现出色。科纳和艾伦的场域运作事务所关于登士维（图 1.10 至图 1.12）和弗莱雪基尔斯（图 1.13、图 1.14）的设计是这方面的典范，也是景观都市主义的成熟作品，其设计集聚并组织极其多元化且可能不协调的元素。这个作品的特殊之处（现在已是这种类型项目的标准套路）是详细的图解，包括过程性、动物栖息地、周期性种植设计、水文系统、活动项目以及规划管理方法等。这些图解蕴含大量信息，体现了对这种尺度项目庞大且复杂系统的认知与理解。特别引人注目的是自然生态与当代城市的社会、文化及各种基础设施的复杂交织。

最近在这一新领域同样具有象征意义的生态、基础设施和都市主义的融合体是位于波士顿的史托斯景观都市主义事务所（Stoss LU）的作品。该事务所是克里斯·里德（Chris Reed）的理论研究和专业实践平台。里德是詹姆斯·科纳在宾夕法尼亚大学的第一批学生之一，他一直努力成为一位独立的国际设计师。里德在 2000 年成立了史托斯景观都市主义事务所，并将“景观都市主义”作为结尾词，融入公司名称。 由此，里德成为第一批明确将专业实践与新兴的景观都市主义领域联系起来的设计师之一。[27]

在史托斯景观都市主义事务所的项目中，至少有三个显著特征与新兴的景观都市主义有关。首先是对水的关注，即对特定场所或事物的潜在水问题的考虑。这通常通过景观对原有水文基础设施系统的去工程化体现出来。通过水的作用，场地对潮汐和时间变化的开放性具有激活潜在或被忽视的生态价值的综合效应。许多项目中，这种新的水文表面呈现为一种再设计后的复杂表面混合体，表现在孔隙度、稳定性以及植物群与动物群中的机会种

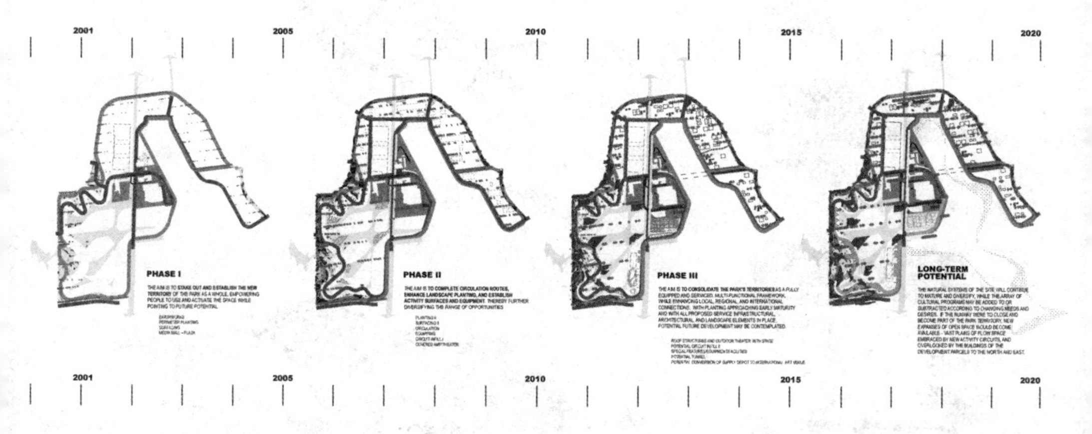

图 1.10 詹姆斯 · 科纳和斯坦 · 艾伦 / 场域运作景观设计事务所，登士维公园竞赛，多伦多，过程性图解，2000 年

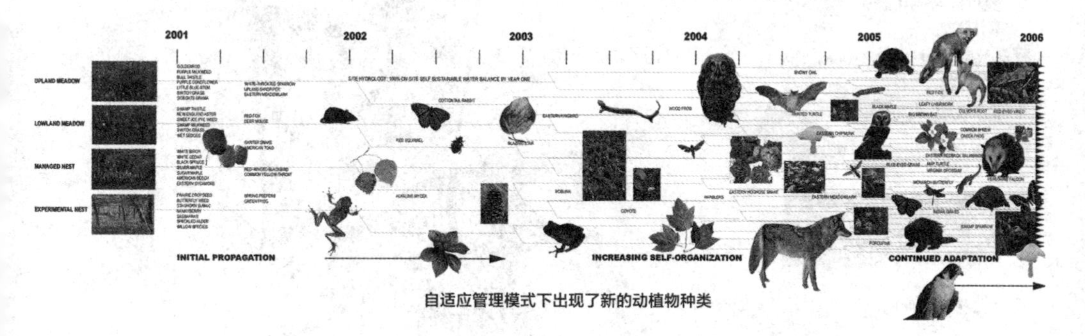

图 1.11 詹姆斯 · 科纳和斯坦 · 艾伦 / 场域运作景观设计事务所，登士维公园竞赛，多伦多，涌现图解，2000 年

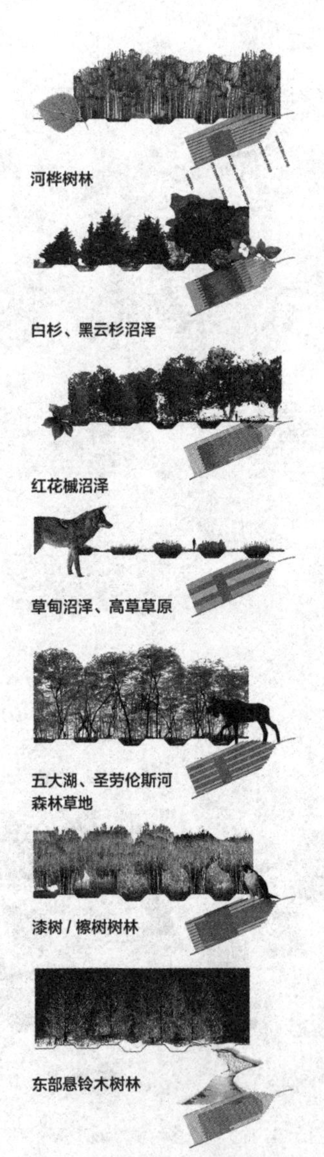

图 1.12 詹姆斯 · 科纳和斯坦 · 艾伦 / 场域运作事务所，登士维公园竞赛，多伦多，栖息地图解，2000 年

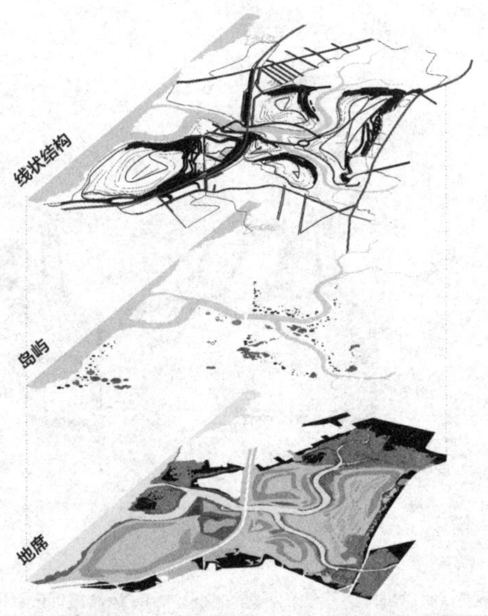

图 1.13 詹姆斯 · 科纳和斯坦 · 艾伦 / 场域运作景观设计事务所，弗莱雪基尔斯垃圾填埋场竞赛，纽约，地席、岛屿、线状轴测图解，2001 年

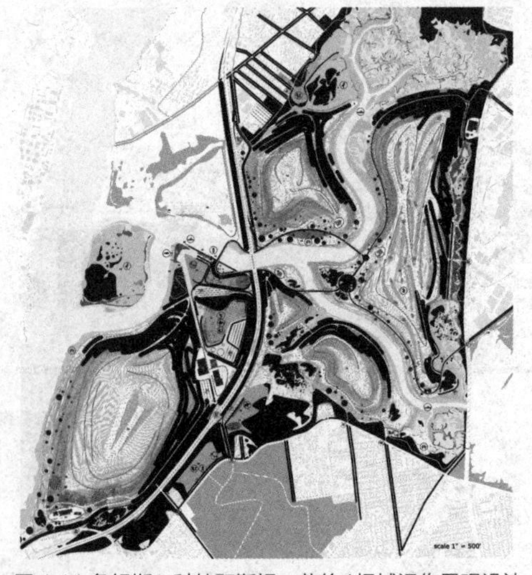

图 1.14 詹姆斯 · 科纳和斯坦 · 艾伦 / 场域运作景观设计事务所，弗莱雪基尔斯垃圾填埋场竞赛，纽约，平面图，2001 年

（opportunistic species）的错综复杂特征。史托斯景观都市主义事务所的第二个特色理念体现在注重对表面的剖析，这些表面通过复杂的非线性几何形状得以展现，尤其是通过简单重复的形式元素获得复杂表面的有序系统。这些表面提供持久性的不同等级的孔隙度，通常具有承载多元化功能的潜力。通过这种设置，里德的作品通常追求最终形式功能的彻底开放性。史托斯景观都市主义事务所作品中的第三个明显趋势是对于本土和入侵、当地和外来之间潜在紧张关系的关注。在许多项目中，这种趋势表现为将区域范围之内的物种直接并置在一起（即便是边缘或废弃场地中蓬勃发展的机会种）。这些区域的本土物种和入侵物种以及异国物种被反复并置，反映了愈发明显的经济、生态和都市主义全球化背景。史托斯景观都市主义事务所作品体现的这些趋势有力证明了景观作为一种都市主义形式的潜力，展示了一种更具适应性、可持续性和复杂都市主义的可能性，进一步扩展了大自然和人类的相互关系。

2003 年，史托斯景观都市主义事务所的塔博山水库（Mt. Tabor Reservoir）项目是位于俄勒冈州波特兰市郊外的一个逐渐老化的公共项目，在方案设计中，该项目被设计成一个集建筑遗产、鸟类栖息地和娱乐休憩于一体的综合场所。水文策略旨在重新设计水库，以便将地下储存的饮用水与新建造的上层水库部分分隔开来，用于提供娱乐和栖息之地。这种水文策略通过在下层的老水库和上层的新表面之间插入隔膜予以实现，可有效保护下层宝贵的饮用水免受上层同样珍贵的栖息地水源的影响。在这种高性能动态表面之上，史托斯景观都市主义事务所的方案为本地、外来和入侵物种共同打造一个全新的栖息地，将本土物种的筑巢地与沿太平洋飞行的鸟类中途休息地相融合。

同样展示这一设计理念的是史托斯事务所 2006 年伊利街广场（Erie Street Plaza）竞赛获奖方案，该项目位于通往密歇根湖的密瓦基河口（Milwaukee River）边密瓦基后工业湖畔的一个小型公共广场。在一个紧凑的城市场地中，史托斯景观都市主义事务所的水文策略从减少海堤的隔板入手，再次选择性地对之前试图将水和土地分隔开来的做法进行去工程化处理，在这个项目中的工程做法是采用了由美国陆军工程兵团（US Army Corps of Engineers）打造的钢板桩挡土墙。通过海堤的这个豁口，场地能够形成昼夜、季节性的变化以及波浪、洪水和冻结等事件驱动的纪年表。这种简单的拆除行为重新确定了场地的基础设施遗产，同时使场地融入演变的整体进程之中。在采取这一开放性的水文措施之后，该项目提出了一项表面策略，再次通过最少的重复形式元素实施了孔隙度和铺地复杂的非线性模式。史托斯景观都市主义事务所将这种混合表面设想为开放式、潜在不确定性的场地，这同样适用于组织事件和新兴的生态学。该项目明确勾画了地表之上的三个区域：受湖水直接冲刷的低地也是本地物种演替过程特定的区域，中间层地块可用于公共项目，而高地则密集地种植一片外来侵略性的竹林。同时，竹林可以营造围合的空间，并通过蒸发和雾化发挥小气候调节作用，其主要作用是与该场地的区域生态形成对比，唤醒一直存在的全球经济以及通过交通运输侵入该地区的物种。

史托斯景观都市主义事务所近期的第三个竞赛入围项目同样展示了上述趋势。2007 年入围多伦多唐河下游地区（Lower Don Lands）设计竞赛的作品坚持了这些理念，并在具有一定限制的新城区尺度下得以实现（图 1.15 至图 1.17）。这一复杂的项目需要对多伦多的唐下河河口区域进行自然化改造，并出于保护毗邻城镇的目的，对洪泛区进行再设计，同时重新设计多伦多闲置的内港新区。史托斯景观都市主义事务所的设计对原有的渠化河道及其河口的防洪系统进行选择性的去工程化处理。项目从疏通水文过程开始，还需建设一个全新的流经新设计混合表面的河流三角洲区域，在这个表面上，陆地、半陆地和水下的栖息地类型将得以丰富。方案提出，将表面积和河道空间增加五倍，以应对开放式和自我调节的水流冲击过程。通过河口水体的冲刷，这些表面可以提供公共娱乐、城市形象和生态效益等功能。此外，这一设计策略还调整了陆地和半淹没沼泽之间的关系，将多伦多市及其河口地区作为多元化公共活动场所的一个组成部分。

这三个反复出现的主题及其在史托斯景观都市主义事务所的景观都市主义作品中展示了景观作为城市秩序媒介的美好前景。这项工作的首要任务是继续对北美大多数城市设计和规划实践停滞不前及怀旧设想提出深刻且具有暗示性的批判。迄今为止，史托斯景观都市主义事务所的作品展示了景观生态学作为当代北美都市主义主要决定因素的可能性，这是在对基础设施、生态学和城市发展进行深思熟虑后形成的。

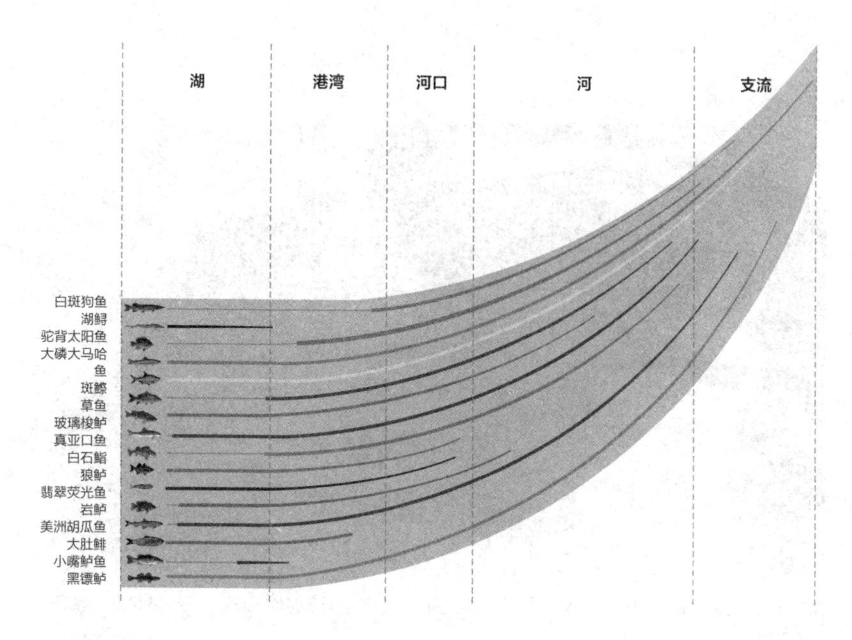

图 1.15 克里斯 · 里德 / 史托斯景观都市主义事务所，多伦多唐河下游地区设计竞赛，多伦多，鱼类栖息地图解，2007 年

图 1.16 克里斯·里德 / 史托斯景观都市主义事务所，多伦多唐河下游地区设计竞赛，多伦多，鸟瞰图，2007 年

图 1.17 克里斯·里德 / 史托斯景观都市主义事务所，多伦多唐河下游地区设计竞赛，多伦多，鸟瞰图，2007 年

21 世纪初，景观专业实践开始与“景观作为都市主义一种形式”的各种理论和方法形成关联，教育项目和出版物日益增多。第一个类似项目始于 1997 年，伊利诺伊大学芝加哥分校在格雷厄姆基金会（Graham Foundation）的支持下开设了建筑硕士景观都市主义方向的研究生项目。紧随其之后的是 1999 年伦敦建筑协会建筑学院（Architectural Association School of Architecture in London）设立了一个景观都市主义研究生课程单元。[28] 得益于这两项学术创举，各种出版物相继问世，并且在 21 世纪前十年里，各国关于这一主题的英文论著也越来越多。[29]

这些实践和项目的涌现共同说明，关于城市设计的学科和职业设想发生了巨大变化。极其重要的是，在景观都市主义形成过程中，设计文化和景观生态结合在一起，这着实令人难以置信。正如下一章中提到的，促使景观都市主义理论产生的因素可能是建筑领域先锋主义者通过隐藏作者身份对自主性和批判性两者关注的共同作用，以及在对后现代生态的认识和理解中将自然系统视为一个开放、不确定及自组织的构成要素。

篇章总图　雷姆 · 库哈斯 / 大都会建筑事务所，新城镇默伦塞纳，平面图，1987 年

第二章 自主性，不确定性，自组织

如果有一种“新都市主义”，它并非基于秩序和无所不能的畅想，而是一个充满不确定性的阶段过程。

—— 雷姆·库哈斯（Rem Koolhaas），1994 年

上一章论述的景观都市主义理论和实践出现在生态效益和设计领域交叉融合的背景之下，这似乎让人有些难以置信。自 20 世纪 90 年代，一批景观设计师和城市规划学者在生态学中发现了一种概念性设计框架，用于协调对建筑自主性的追求和功能环境参与性需求不断增长之间的矛盾。这些设计师和理论家阐述了生态系统的自组织和开放性特征，同时为城市建设提供了一种策略性的框架。在 20 世纪 70 年代和 80 年代早期，建筑学采用“开放式工作”（open work）模式，体现了自主性和工具性二者几乎不可能的融合。一系列文化实践和理论，尤其是文学批判思想被引入建筑理论，展开了在推迟、延期或者疏远作者身份等方面的探究。

对力求避免 20 世纪 80 年代风格争议的后现代城市规划学者来说，虽然许多人发现城市生活本身缺乏像建筑的居住功能，但可提供一个开放性的操作模式。正如我们所知，库哈斯和屈米都将景观看成是一个随着时间发展而变化的程序化模式。在上一章中可以看到，这些趋势在20世纪80年代初库哈斯和屈米的拉维莱特（la Villette）项目中十分显著，其中开放式操作模式作为城市生活邻里关系和开放性的替代品，并未考虑建筑居住功能的需求。[1]

在大都会建筑事务所（OMA）入围1987年法国新城镇默伦塞纳（Melun–Sénart）竞赛的作品中，雷姆·库哈斯也在城市形态中详尽地阐述了这些想法。该概念方案提出开放空间、基础设施和公共活动设施均以景观为框架基础，并将其作为城镇的总体规划蓝图。私人自由放任政策（laissez–faire）的发展将扩展到这些公共地役权之间的领土。[2] 库哈斯的默伦塞纳新城镇竞赛方案使人联想起他与奥斯维德·马西亚斯·安格斯（O.M.Ungers）的合作及其关于城市“绿色群岛”（green archipelago）的研究。这也体现了这十年间建筑师、城市规划学者和越来越多的景观设计师对城市不确定性问题的关注和研究。

随后在20世纪90年代后期出现的景观都市主义受到这一系列研究和实践的启发，并受到将城市视为“开放式操作”理念的推动。这时，一大批景观设计师，包括詹姆斯·科纳和阿德里安·高伊策等人，认为生态学体现了建筑领域假设的自主性，同时表明了坚定的环保立场。20世纪90年代后期，一批城市和建筑理论家加入科纳和高伊策的阵营，至少在三个相关领域中展开研究。第一，斯坦·艾伦（StanAllen）和亚历克斯·沃尔（Alex Wall）等人构建了“将城市作为一组水平表面”的理论框架。这些厚厚的二维表面为形成更大规模的基础设施奠定了基础，而景观在其中占据优先地位。[3] 亚历克斯·沃尔关注城市表面的规划组织，这与艾伦将港口作为一个事件发生场所的研究相一致。两人都从库哈斯的思想中受到启发，库哈斯呼吁建立一个围绕不确定性和灌溉式领地（irrigation of territories）的“新城市主义”模式。第二，迈克尔·斯皮克斯（Michael Speaks）、罗伯特·苏摩（Robert Somol）和萨拉·怀廷（Sarah Whiting）等人提出了“后批判”（postcritical）主张，具有协调建筑自主性与城市机构形式更新的潜力。

斯皮克斯的“后批判”构想促使詹姆斯·科纳撰写了一篇题为《像生活本身》（*Not Unlike Life Itself*）的文章，以回应其观点。在文章中，科纳阐述了后批判城市实践与开放、不确定以及生态系统自我调节的各种潜力之间的相似之处。[4] 第三，在此期间，桑福德·克温特（Sanford Kwinter）和迪特莱夫·马汀（Detlef Mertins）等人探索了通过学习自然科学了解当代建筑理论的可能。通过 20 世纪 90 年代一系列有影响力的文章，克温特力求在自然世界中挖掘某些特性的潜能，以便在文化、建筑和城市规划等方面作为各种原型加以使用。[5] 长期在自然中寻找适用于建筑的各种原型使克温特对这一领域产生了兴趣，他关于现代建筑创造城市有机秩序的论著后来又启发了马汀的实践和研究。

当代专业设计人士对景观都市主义的兴趣在很大程度上归因于 20 世纪 70 年代和 80 年代对建筑领域引入的疏远作者身份观念采用了批判性的吸收策略。曾经被极度夸大的“作者毁灭”的报道在当代设计讨论中已变得极其罕见。虽然近来建筑讨论集中于相关的批判性和所谓后批判可能性方面，但景观都市主义的论述已转移到疏远作者以及不确定性、自我调节和自主性等策略方面。为了与这些发展过程形成呼应，本章再次审视了新前卫主义（neo-avant-gardist）论述中的作者身份问题与其被景观都市主义引用之间的联系。然而，在考虑这些联系之前，重要的是要传达这些策略的弱点或取代作者身份的一些实质性内容，而它们最初出现在 20 世纪早期先锋派的理论和实践中。在这里，雷蒙·鲁塞尔（Raymond Roussel）、马塞尔·杜尚（Marcel Duchamp）和马克斯·恩斯特（Max Ernst）的实践诠释了这些策略的维度和精神。

1933 年，前卫剧作家兼作家雷蒙·鲁塞尔由于法国文学部门对其作品的排斥以及在巴黎观众面前受到羞辱而结束了自己的生命。[6] 他的最后一本手稿（计划在他去世之后出版）是一部非小说类文学作品，书中记录了他主要的工作方法，并以《我如何写我的书》（*How I Wrote Certain of My Books*）作为标题。[7] 这部“神秘且去世后出版”的作品详细阐述了他所运用的创作原则，虽然类似于超现实主义（Surrealism）和达达主义（Dadaism）所采用的随机策略，但这使得创作过程融入了艰难且随意的约束条件，从而显得与众不同。

如果将他和马塞尔·杜尚（其作品更广为人知）比较，鲁塞尔与他超现实主义和达达主义同行们的另一个区别则显而易见。典型范例是 1913 年杜尚的艺术作品“三个标准的终止”（3 Standard Stoppages）。在这个作品中，杜尚从在离桌面 1 米的位置投下 1 根 1 米长的绳子，然后将其产生的扭曲形状宣称为新的度量单位（图 2.1），该项目体现了杜尚希望“让精确性服务于不确定性”。尽管这一概念本身以及重复尝试复制杜尚实践的行为都表明这项工作很可能是一个有意预设的骗局，然而该项目已成为一种在文化创造中质疑作者身份问题方式的典范。[8]

图 2.1 马塞尔·杜尚，三个标准的终止，1913 至 1914 年

鲁塞尔的解释在其去世后出版发行，一大批文化使者对他的工作方法即严格审视产生了浓厚的兴趣，包括 20 世纪 50 年代新罗马时期（Nouveau Roman）的作者和批评家以及 20 世纪六七年代所谓的结构主义批判家。正是从这些文学资源中，《作者之死》（*Death of the Author*）于 20 世纪六七年代首次进入建筑理论领域。当时将这种文学创作的后人文主义概念引入建筑理论的各种论述，其中特别具有代表性的是彼得・艾森曼（Peter Eisenman）的《后功能主义》（Post-Functionalism）。艾森曼的论述及其收录的论文提出将颠覆作者功能作为一个更大的文化发展轨迹征兆。[9] 根据艾森曼的观点，建筑理论和实践并入这一发展轨迹，将促使该学科放弃其对激发形式功能的痴迷，因此跟上其他文化学科（音乐、绘画、文学）的步伐，追求一种更加随意的媒介化创作模式。

鲁塞尔希望他的戏剧和小说在没有创作方法知识的背景下被读者阅读，这样当代读者便不会倾向于把作品看成是一种理论的体现。这也将他的做法与杜尚明显区别开来。由于杜尚非常依赖于公众对于创作方法了解的要求，因此创作和服务空间的崩溃作为作品效果的一部分。因为对这一人为作品的理解缺乏将其作为创作过程的一种寓意，所以鲁塞尔的作品被认为是不值得关注的，而且经常让人难以理解。基于对他的戏剧和小说成为其自身的期待，鲁塞尔希望巴尔泰斯侧重于接受一个从揣摩作者意图解放出来的作品。这种“解放”促使“开放式操作”模式的出现，并在当代建筑理论中扮演着重要角色。同时，这也表明一种当代性的理解，即同时将“场地”作为城市表面和实施操作两方面的模型。

接受一个文化作品与理解作者意图之间的关系和当代建筑理论中关于临界状态的讨论具有特殊的关联。由于建筑文化宣扬后批判的优越性，因此对置换作者意图的兴趣一直处在一种明显的减弱状态。然而，尽管在建筑创造中对质疑或模糊作者身份的呼声较少，但当代景观和都市主义已为这些问题提供了坚实的基础，并发现了新的关联性。

正如上一章所述，伯纳德·屈米和雷姆·库哈斯 / 大都会建筑事务所做的拉·维莱特公园(Parc de la Villette)竞赛项目明确采用开放性操作(屈米)或无计划并置（库哈斯）的概念，并将其作为 21 世纪城市公园必要的后人文主义条件。这些实践通过延迟对内容的决策，多层面地展现出对作者身份的削弱，它们寻求取代这些现代主义策略关注的焦点。这些实践同样标志着未来景观作为一种媒介的中心地位，通过这种媒介可以构想出一个适当开放、具有响应性和不确定性的都市主义。体现这一设计思想的还有斯坦·艾伦的城市实践，艾伦对基础设施建设的兴趣以及为未来建筑实施构建场地的观念证实了其一直对不确定性和延迟问题的关注与思考。[10] 艾伦关于巴塞罗那港口或物流活动区（Logistical Activities Zone，1996 年）的方案提出都市主义的"厚二维"（thick 2–D）表面作为设计关注的重点，形成了功能可视化的基础设施水平表面或景观，对不可预见的未来条件做出动态的响应。艾伦拓展了其关于将增厚的水平表面作为"场地条件"（field condition）的概念，并通过研究自然界中一系列明显具有开放性和不确定性且可以自我调节的形式受到启发（图 2.2）。通常情况下，这是一个能够独立运作的基础设施，也是一个随着现代化推进以适应资本配置或物流需求的阶段性过程。在这个构想中，后批判关注流动性以及不稳定的全球资本，这些资本与其形成的响应式、高效且可能被废弃的都市主义相互交织。它们中任何一个都意味着疏远作者身份的自身形式，使得现代主义城市规划设想的选择性复兴变得现实可行。

虽然对自我调节和自主性的关注让现代主义进行整体机械化控制的目标变得不太现实，但现代主义可以对经济、生态和基础设施建设之间的有机关系进行研究。随着延迟作者身份的批判性思想持续存在于潜意识操作系统中，近来对图解作为建筑和城市一种发展轨迹的理解在这里同样意义重大，对后批判的期望也显然表明其自身越来越希望与决策、资本及社会相关联。虽然这种思想对从自然系统中获取原型和组织愈发感兴趣，并经常借鉴新有机主

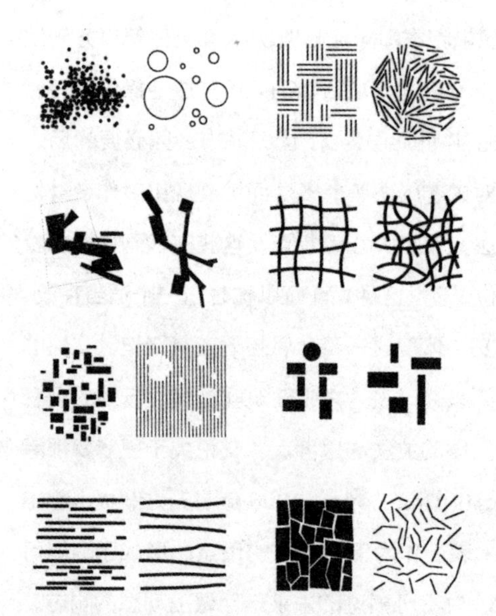

图 2.2 斯坦·艾伦，场地条件，图解，1999 年

义者的设想，但它往往将自然系统作为基础设施组织的原型或隐喻，而非可操作的生态系统。

大量当代景观实践采用质疑作者身份的种种手段，同时，关于景观和都市主义的理论也充斥着不确定性、开放性、自我调节和后现代自主性生态模式等思想。虽然这些实践形式多样，但可以总结为两类思想体系，各自拥有明确的目标、起源和立场。第一类，即从批判性建筑理论中直接衍生出来，包括通过各种能够产生高度雕刻化水平表面的自动生成方法而设计的城市景观项目。这些项目及其建筑师清晰地展示了一种新先锋主义建筑形式。第二类代表作品引入自然系统的不确定性和自我调节的特性，并试图将这些特点转移到城市的整体功能中。其独特之处在于使用生态模型和自然隐喻来描述城市景观，自身能够适应随着时间发展而快速变化的环境。总而言之，至少在景观都市主义领域中，这两方面的作品证明了新先锋主义的创作、生产、包容等策略仍然具有一定的影响，然而许多原有支持它们的重要理念可能已经消失殆尽。

第一类这样的作品在两个西班牙建筑师及其合作伙伴的作品中得以体现，即恩里克·米拉列斯（Enric Miralles）与卡梅·皮诺斯和阿里桑德罗·柴拉波罗（Alejándro Zaera–Polo）与法西德·穆萨维。在恩里克·米拉列斯和卡梅·皮诺斯设计的伊瓜拉达墓园（1986 至 1989 年，图 2.3）和射箭场（1989 至 1992 年，图 2.4、图 2.5）中，直接临拓而形成的线条特别明显。 这两个项目设计都临拓于伊瓜拉达场地的等高线，墓地建造在同一个场地上作为该场地表面的体现，而射箭场建造在巴塞罗那（Barcelona）外围的一块偏远地块。[11] 两种操作方式均借鉴了超现实主义和马克斯·恩斯特（Max Ernst）作品的模式，特别是其作为各种临拓和拼贴技术的起源，由此产生的高度雕塑化表面和复杂的形式与景观场地形成鲜明的对比。两者都隐含在高度设定的水平表面和建筑体量下方（射箭场）或后部表面（伊瓜拉达墓园）之间的小空间，也被视为偶然包含一些建筑物的高度建构化建筑学景观，体现了丰富的造型和乏味的需求二者之间强烈的紧张关系。无论火化

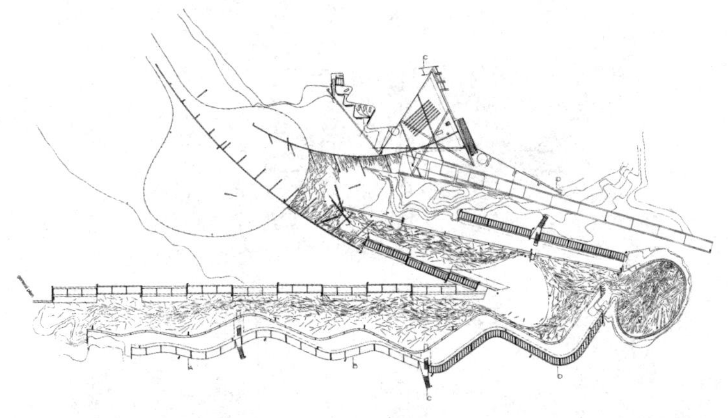

图 2.3 恩里克 · 米拉列斯（Enric Miralles）和卡梅 · 皮诺斯（Carme Pinós），伊瓜拉达墓园，平面图，1986 至 1989 年

遗骸和园艺用品（伊瓜拉达墓园）的存储空间，还是住宿场所的更衣室和禅宗式（Zen-like）操作空间（射箭场），水平性景观作为主要的体验特征，由建筑围护结构和场地已有地形条件之间复杂的剖面关系形成。伊瓜拉达墓园项目早于射箭场项目，后者的设计只是重新利用原有为墓园项目打造的一套复杂的拓印。射箭场坐落在奥林匹克遗址周边地区一块干旱的平原上，将伊瓜拉达的地形布置在一个几乎平坦的场地上，并折叠成一个建筑单元和巨大的屋顶景观。这两个项目都体现了与建筑领域中采用质疑后人文主义作者身份技法的一致性，也包括艾森曼对数学和抽象形式操作的浓厚兴趣。

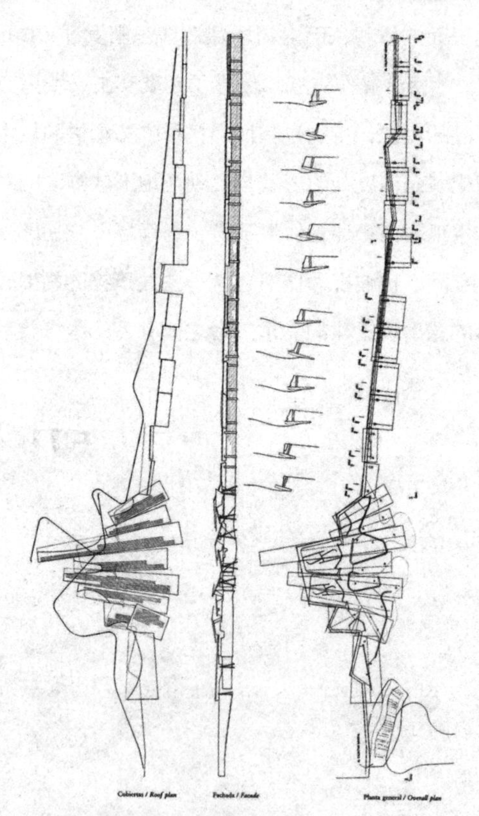

图 2.4 恩里克 · 米拉列斯和卡梅 · 皮诺斯，射箭场，巴塞罗那，总平面图，1989 至 1992 年

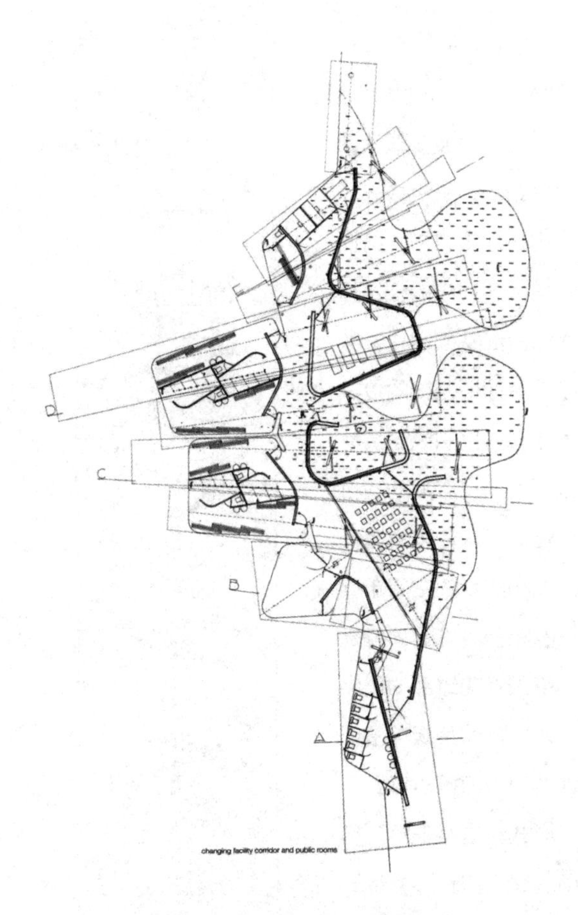

图 2.5 恩里克 · 米拉列斯和卡梅 · 皮诺斯，射箭场，巴塞罗那，局部平面图，1989 至 1992 年

阿里桑德罗 · 柴拉波罗是另一位在常春藤盟校学习过建筑理论的西班牙建筑师，他的合作伙伴法西德 · 穆萨维在过去十年中创作了一系列都市景观项目，拓展了新前卫主义者对于颠覆或取代作者身份的研究。柴拉波罗和穆萨维 /FOA 建筑事务所 1995 年横滨码头项目（图 2.6 至图 2.8）和 2004 年国际文化论坛的巴塞罗那礼堂公园项目（图 2.9 至图 2.11）建造了高度复杂

的三维表面，首先展示了一个城市景观，并有效地掩盖了其下方或后方更大的建筑物。[12] 柴拉波罗和法西德·穆萨维通过复杂的计算机多元算法和随机输入法构建水平表面，以此代替米拉列斯和皮诺斯独特的临拓分析技术。这些水平表面从数字化参数中生成，体现了工具性所期望的复杂阵列，同时远离作者的控制或工具性意图。虽然米拉列斯和皮诺斯的项目依赖于清除程序化的需求，以便进行最初的形式化处理和随后的空间布局调整，但柴拉波罗和穆萨维的项目是为了回应一系列令人眼花缭乱的程序化需求。这种令人炫目的景观自出现后便提供了一种作为表面操作形式介入场地地形的新形式。这两个项目尽管都引用了剧场、展示和长廊等传统公园包含的内容，但都充分疏远了作者身份的人文主义期望，而维持了与新前卫主义建筑实践目标的一致性，并通过临拓的使用和自主的数字迭代，避开了传统的表现性手段和大众期盼。同样，其反对隐含于传统公共公园建筑项目中的纪念性和垂直性。基于此，所谓“景观雕塑”的作品被

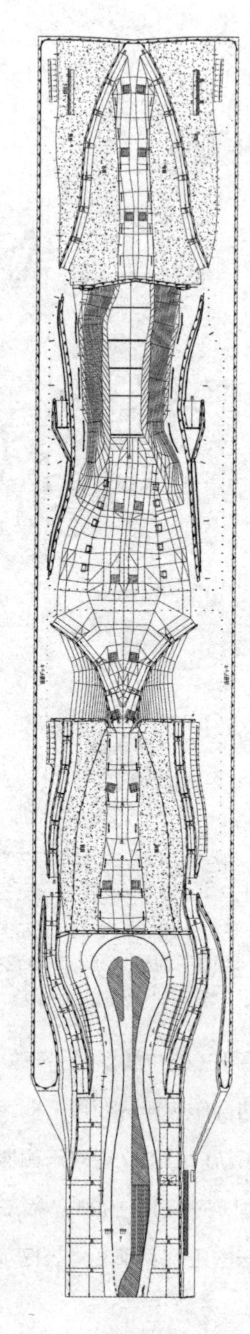

图 2.6 阿里桑德罗·柴拉波罗和法西德·穆萨维 /FOA 建筑事务所，横滨港码头，平面图，1995 年

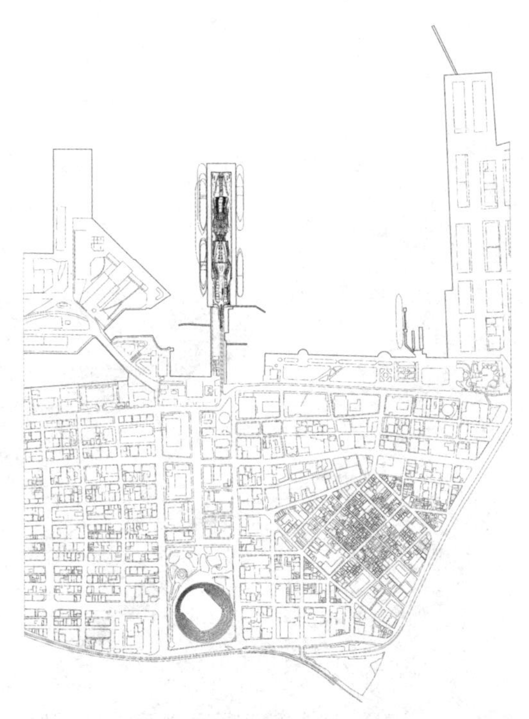

图 2.7 阿里桑德罗 · 柴拉波罗和法西德 · 穆萨维 / FOA 建筑事务所，横滨港码头，场地平面图，1995 年

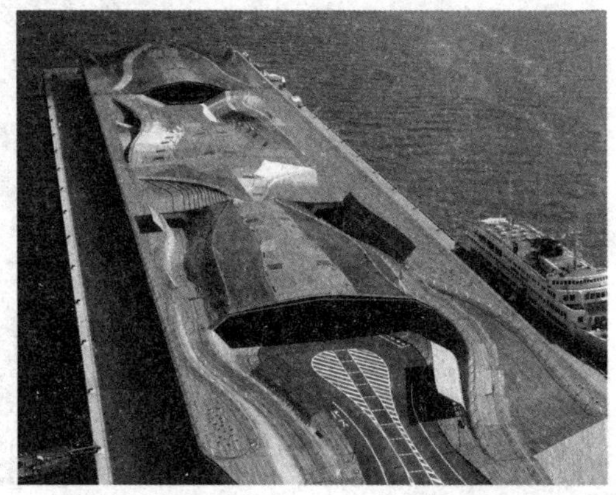

图 2.8 阿里桑德罗 · 柴拉波罗和法西德 · 穆萨维 / FOA 建筑事务所，横滨港码头，鸟瞰图，1995 年

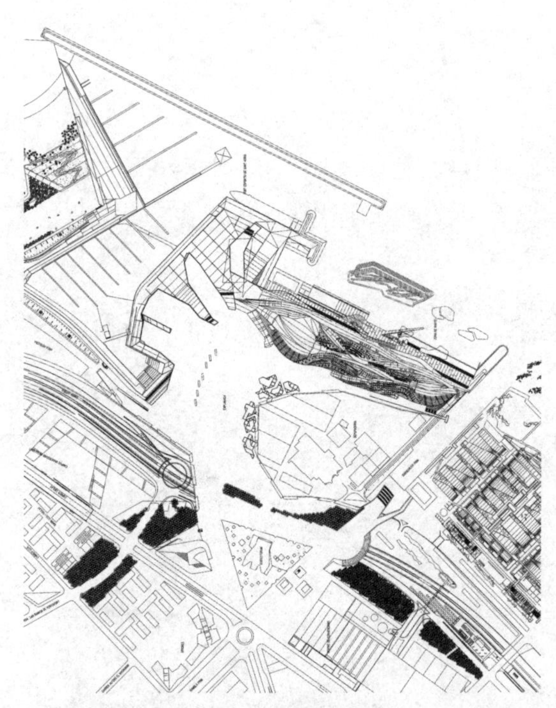

图 2.9 阿里桑德罗 · 柴拉波罗和法西德 · 穆萨维 / FOA 建筑事务所，巴塞罗那剧场，场地平面图，2004 年

图 2.10 阿里桑德罗 · 柴拉波罗和法西德 · 穆萨维 / FOA 建筑事务所，巴塞罗那剧场，平面图，2004 年

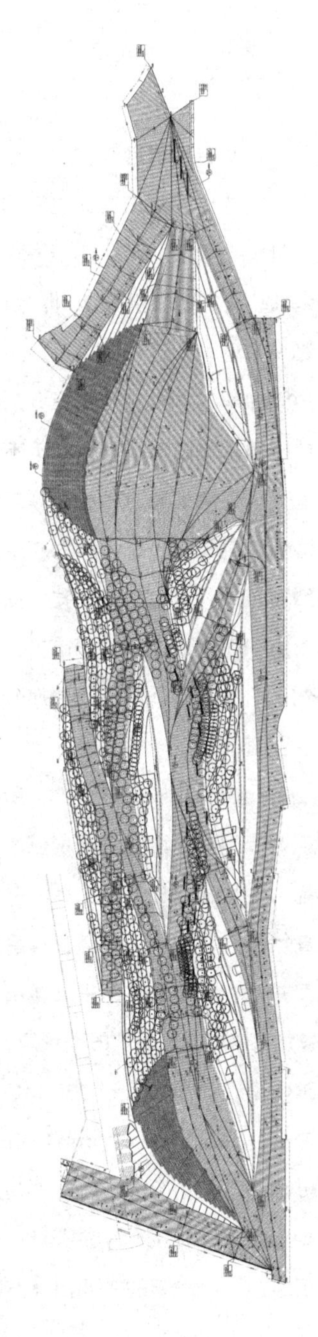

图 2.11 阿里桑德罗 · 柴拉波罗和法西德 · 穆萨维 / FOA 建筑事务所，巴塞罗那剧场，鸟瞰图，2004 年

大量引用。[13]

另一些相关作品也明确利用并发展了疏远作者的生态主张，通常表现为将自然过程、景观策略或生态系统等作为都市主义过程的首要阶段。这些项目对生态系统的相对自主性及其塑造未来城市化的能力提出了更高的要求。虽然这些项目及其引导者都是独一无二的，但在 20 世纪 90 年代的进取设计文化中共同拥有特定的文化知识基础。在这一背景下，生态学经常被看成是一个模型或某种隐喻，但很少同时作为一种对自然世界的描述。正是在这批少数景观设计师的作品中，这些思想毋庸置疑与景观都市主义的发展产生了关联。詹姆斯·科纳和阿德里安·高伊策是 20 世纪 90 年代景观都市主义实践者中最突出的两位，早期接受了将景观生态学作为应用自然科学或环境资源管理实践方面的训练。科纳随伊恩·麦克哈格在宾夕法尼亚大学学习，那里的课程侧重以景观生态作为组织景观设计师和都市主义者设计实践的基本原则。在此背景下，科纳受到之前作为一个城市规划师所接受的教育和职业经验的影响，沉浸于新前卫主义建筑理论，特别是屈米和库哈斯的作品。[14]高伊策在瓦赫宁根大学（Wageningen University，一所在自然科学领域非常知名的荷兰高校）学习景观课程的同时接受了景观生态学方面的训练。除此之外，高伊策还对艺术和都市主义感兴趣，并随后沉浸在当代荷兰设计文化和理论之中。[15] 对科纳和高伊策而言，这些经历使其将景观生态学作为批判性地疏远建筑师的作者意图并体现进步的环保主义城市立场的有力工具。他们在早期未建成项目中都探究了这种交叉模式的理论意义和巨大潜力。

詹姆斯·科纳 / 场地运作景观设计事务所于 2003 年设计的费城特拉华河水岸（Philadelphia's Delaware River Waterfront）Bridesburg 居民区方案中体现了这种思想（图 2.12、图 2.13）。在城市化的背景下，Bridesburg 地区的污染地块仍然以城市空地的形式随机分布。在重新开发这个被遗弃的旧工业土地用于城市综合发展的重要设计方案中，科纳采用了

图 2.12 詹姆斯・科纳 / 场地运作景观设计事务所，Bridesburg，费城，鸟瞰图，2003 年

图 2.13 詹姆斯・科纳 / 场地运作景观设计事务所，Bridesburg，费城，鸟瞰图，2003 年

一种植物修复策略。在过去二十年中，植物修复技术，包括植物物种的使用及其所具备修复污染土地的功能，已发展成景观设计实践的一部分。 相较于其他工业化手段，这一策略以更低廉的成本、更高的效率实现了棕地的修复。在特拉华水岸项目中，科纳提议，城市的阶段性发展与修复完成的进展相关联。该项目作为修复过程的一部分，种植了大量杨树以便不断吸收污染物，而死亡的树木会被新的植物所取代，成为持续过程的一部分。这种修复过程获得成功的主要依据是生长良好的杨树保留下来，即从吸收污染物的过程中幸存下来。与常理不同且与典型的设计实践相反，科纳建议，这些场地应该通过采用城市基础设施建设和场地规划开发等措施首先进行城市化处理，还要与其他污染地块的植物修复过程同时进行。最终，污染最严重的地区，即需要修复地下污染物时间最久的地块，将为未来公共公园和开放空间的发展提供基础。按照这种方式，修复过程同时为场地环境提供清晰连续的记录或索引，植物修复的技术性过程将通过对公园和公共空间的安排、布局和组合来展示城市形象。

同样，阿德里安・高伊策 / West 8 景观设计事务所于 1995 年针对荷兰 Buckthorn 市沿海新城规划构想了城市潜在的生态过程（图 2.14、图 2.15）。为替代大部分工程基础设施以及在荷兰北部海岸的传统居住区规划形式，高伊策提议，通过种植鼠李属植物来利用由于圩田疏浚建设而产生的沙丘景观。通常侵入性的欧洲沙棘植物是一种有害植物，但可以通过庞大的根系作为一种活性剂来巩固地下条件，并在未来城市化之前产生表土。以市场为导向的城市化最终或多或少地采用传统（或至少是市场兼容性）形式，然而鼠李属植物区的根茎形状标示着未来基础设施和城市的形式。在这个案例中，高伊策的方案利用基于市场的开放性发展策略，同时促使城市的形态衍生自一个自主、开放的自然过程。[16]

这两个项目都提出城市化和生态过程之间是一种动态和开放的关系，其中，城市实体和景观空地之间的传统层次结构被倒置，这是为了确保城市空

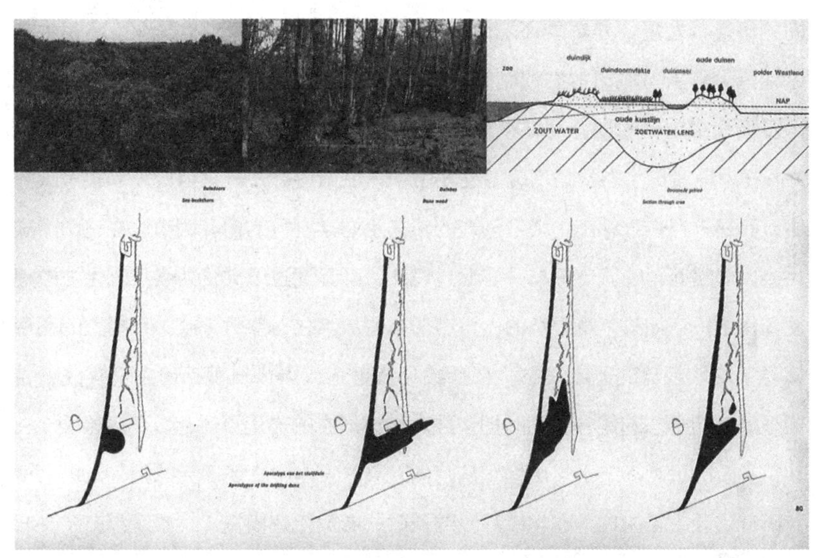

图 2.14 阿德里安·高伊策 / West 8 景观设计事务所， Buckthorn 城市项目，荷兰角港，平面和剖面图解，1995 年

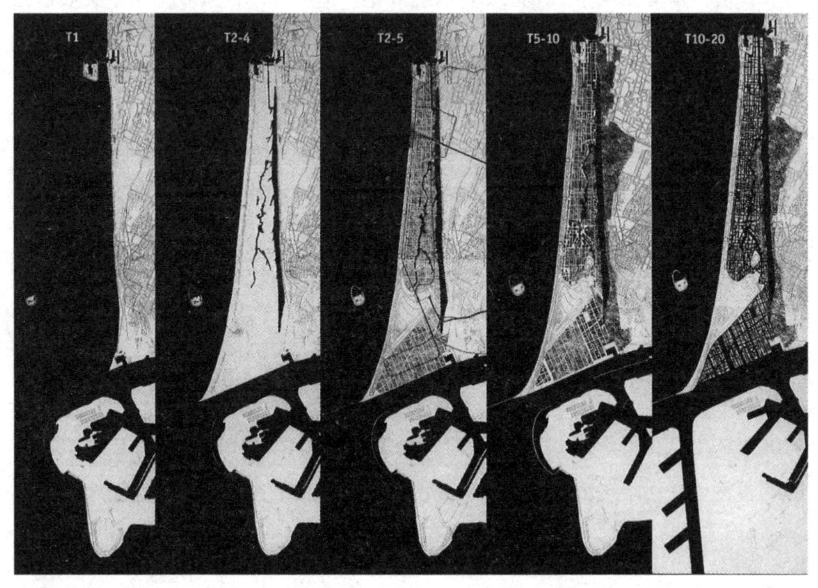

图 2.15 阿德里安·高伊策 / West 8 景观设计事务所，Buckthorn 城市项目，荷兰角港，随时间变化的图底平面图，1995 年

间的可持续发展，并树立环境保护意识。每个项目均体现了景观策略和生态过程远离作者对城市形态控制的特点，但也可以保留特殊性并应对市场情况以及环境决定论的道德高地和说辞。

在早期激进生态学的不确定性实验中，城市形态并非来自规划、政策或先例，而是来自景观都市主义者创造的新兴生态学进行的自我调节。在这两个项目中，最终获得的城市形态并非通过设计，而是通过以文化为终点的生态过程发挥作用。正如第三章提及的，城市形态的数字化、参数化或关系模型的涌现体现了这些趋势的近期动态。在参数化背景下，当代景观都市主义实践者希望隐藏创造形态的作者，同时把参数对城市形态的作用具体化。英国伦敦 AA 建筑学院的景观都市主义课程，从开创以来一直走在众多研究的前列。借助设计研究实验室（DRL）在学校开发的关联式参数化建模技术，景观都市主义课程规划了一系列项目，以探索联合或关联式建模作为景观都市主义策略的一个方面，进一步协调城市的形态与其效能准则。这种运用于景观都市主义项目的参数化工具已经将此类实践引入当前对“参数化”（parametricism）局限或危机的争论中。[17] 目前，由自称为参数化主义者的帕特里克·舒马赫（Patrik Schumacher）（及其与扎哈·哈迪德合作的作品）提出的参数化主义宣言遭到了重大质疑。虽然这些批评大都指责这种方法对塑造城市形式缺乏潜力，但关联式城市建模将其成果与实施生态准则联系起来仍然是近年来景观都市主义项目和教育中极具活力的研究方法之一。然而，对许多人来说，近期景观都市主义与参数化的关联增强了其与精英文化建立同盟的意念，这也导致其更容易受到迟来的社会批判。针对这一点，2007 年在当代艺术博物馆（Museum of Modern Art，简称 MOMA）举办了将景观都市主义作为景观设计学当代实践的展览，并利用这个机会，在景观设计学全球化的关键时刻进行了一系列社会批判。

本章和上一章所介绍的许多景观项目均包含在最近当代艺术博物馆以

“Groundswell”为主题的展览中。[18] Groundswell 展览呈现了十多年来通过景观媒介构想出来的北美、欧洲和亚洲等地方的城市重建项目。在过去十年中，对学术界、设计专业人士以及参与过景观媒介的评论家来说，Groundswell 展览中记录的作品均产生了广泛的社会影响。从展览的文字介绍和附带的目录可以看出，这些作品均于过去十到二十年间完成，最早的项目可以追溯到 20 世纪 80 年代中期（包括伊瓜拉达墓园、米拉列斯和皮诺斯，1985 至 1996 年），对一直关注景观复兴的人来说，这并非惊喜之事。然而，该展览汇集了一批相对知名且高质量的国际案例。当然，考虑到展览的地点，一些评论家仔细审查了各种管理人员的决策及其对各种设计师带来的文化传播意义。这种认识尽管没有失去其趣味性的一面，但却误解了 MOMA 举办展览更深层的意义。Groundswell 展览作为当代城市景观单次最具规模且最正式的平台，力求推动当代城市景观的复兴，以一种稍稍偏离学术和职业影响的方式促进行业的发展，并在广泛的文化背景之中促使不同的学科及其人士（包括潜在的资助者和普通大众）就景观问题进行讨论。彼得·里德（Peter Reed）介绍的大量作品和主题内容完整且观点公正，可以作为对近期景观媒介的一段回顾性阐释。[19] 由此可见，Groundswell 展览并非仅仅建立在 MOMA 先前对景观研究的基础上。《变性的视觉》（*Denatured Visions*，1991 年）由威廉·霍华德·亚当斯（William Howard Adams）和斯图尔特·弗雷德（Stuart Wrede）编著。[20] 虽然目录中列出了大量聚焦现代景观问题的学术文章，但 Groundswell 展览和研讨会的组织主要是按照各自的领域对个人项目和设计师进行展示，同时由里德进行调整和完善（印刷并在展台上予以展示）。这一组织结构旨在提供一个学科交叉的知识框架，而其中例外的是大卫·哈维的专题演讲。[21]

对 Groundswell 展览中的某些观众来说，哈维的专题演讲提出了一个问题，即究竟如何真诚地邀请一位对用辩证唯物主义理解政治经济感兴趣的马克思主义地理学家参与当代景观设计学的讨论。这个问题更像是为一些既有事实做准备，即讨论的问题让这一关键的主题演讲批判性地框定了当代景观设计近几十年在北美组织的最重要展览。

哈维关于工业经济对文化创作影响的论述与北美地区的景观都市主义理论发展明显相关。MOMA 馆长彼得·里德发起并策划了 Groundswell 展览，并在展览的文字介绍中明确引用了当代关于景观都市主义的理论。[22] Groundswell 展览中具有重要意义的是将大卫·哈维的研究与对当代城市景观的认真思考联系起来。至此，许多观众都很困惑，既然展会所关注的是国际范围内当代城市景观设计，那么为什么邀请哈维做主题演讲？事实上，哈维的参与意味着确保当代后工业化城市景观的讨论以与其发展相关的经济、环境和政治条件为基础。哈维的言论提供了一个道德立场，从中判断这一系列跨学科边界作品的相关性，并表明该展览在跨学科和跨职业范围讨论的可行性。

迄今为止，哈维最为人熟知的是其权威著作《后现代的状况》（*The Condition of Postmodernity*，1990 年），书中描述了经济和政治条件对文化创作的影响。[23] 他将后现代文化趋势的起源定位于 20 世纪 70 年代初福特主义经济制度大规模的崩溃，转向后现代主义倾向的建筑和都市主义与所谓“弹性积累”（flexible accumulation）的新体制直接相关，而非考虑设计表面的风格问题，其特点是新自由主义经济政策、即时生产、业务外包、灵活或非正式的劳工安排，以及日益增加的全球资本流动。哈维在过去十五年中的研究对建筑领域所产生的影响几乎无人难比，他的研究已成为后现代文化背景及其与现代都市主义关系中最持久的一部分。他通过政治经济学来解读文化创作，因此非常适合针对过去三十年里因全球经济重组留下大量场地而展开的景观实践来组织相关讨论。在景观设计与社会公平、环境危机和发展不均等问题的关系方面，哈维倡议，对上述问题进行更具意义的道德反思。他对社会和政治问题格外关注，并提醒读者景观实践对城市化进程起到的作用。这并非简单的“道德高地”，而是真真切切地表明，当代景观设计师作为都市主义倡导者，所做的工作涉及经济、社会和政治结构等多方面，并最终形成稳定的社会秩序。

篇章总图　詹姆斯·科纳 / 场地运作景观设计事务所、Diller Scofidio + Renfro 事务所和 Piet Oudolf 事务所，高线公园，效果图，2004 年

第三章　规划，生态，景观的出现

生态学为城市化过程的复杂性和多元化提供了一个有益的类比。

—— 朱莉娅·切尔尼（Julia Czerniak），2001 年

自 20、21 世纪之交以来，景观设计学经历了一个设计文化相对复兴的时期。近年来，景观设计学更得益于这场复兴，宣称景观设计师是这个时代规划的主导者。这个曾经被认为日渐式微的领域已经从各个方面得到了恢复和更新，并对当代都市主义的讨论产生了十分显著的影响。其中隐含的问题是景观新发现的相对影响力比城市规划的地位更具优势。讽刺的是，这方面最引人瞩目的论点表明，景观能够为给规划带来启示，源自其设计文化领域新获得的地位以及将生态作为模式或隐喻而取得的发展，而非那些早已存在的区域或生态规划项目。本章将介绍景观都市主义的实践如何取代城市规划所扮演的传统角色，通过生态功能和设计文化的综合作用来塑造当代城市。

近年来的景观复兴被认为受到后现代主义的影响。本章进行了关于现代实证主义本质的讨论，自然科学如果不是多余的，则已经被“自然作为一种文化的建构”这一概念所代替。在这一构想中，景观从建立在生态功能机制之上的实证主义，转变为将生态作为理解自然与文化间复杂关系模型的文化相对主义。当然，近年来景观显示出的文化相关性与大众广泛的环境保护意识以及不断兴起的捐赠群体这一独特的组合有关，通过这种方式，设计被定义成一种文化。

景观都市主义的讨论和实践设定了一个知识和传统的前提：以生态规划为基础。然而，只有通过现代主义生态规划与后现代建筑文化这个看似不太可能的交集，景观都市主义才会出现。生态规划将交集的区域视为经验观察的基本单位和设计干预的场地，景观都市主义也延续了这种将交集区域视为生态观察与分析的范围，但大多数情况下是只是对不断重组的工业经济导致的棕地进行干预。

欧洲的建筑和城市规划学者认为北美的城市最先阐明了景观作为当代都市主义研究模型这一全新的关联性。景观都市主义主张对城市设计在应对诸如空间分散、新自由主义的经济转以及环境危害等问题时的失败教训进行深刻的批判，同时提出了传统城市模式中保守文化政策的替代品：一种环境健康、社会福祉和文化抱负相互包容的都市主义。尽管景观设计师并不一定是最先有此提议的人，但随着学科的多元化和设计素养的提高，景观学科获得了有力的支持。

自 20、21 世纪之交以来，城市设计学科专注于为传统城市模式进行各种各样的辩解，而景观设计也开始对其自身进行重新定义。直到最近，城市设计终于缓慢地接受在北美城市形态的讨论中景观所获得的地位。这一发展与设计学科间友好关系的建立不无关系。同样，设计学科也被要求进行学科交叉，以应对当代城市以及设计教育所面临的挑战。在这一背景下，城市规划逐渐接受都市主义所讨论的新发现，即景观的文化相关性。

回顾历史，规划在许多方面表现出对景观领域新发展的无视，这不足为奇。在 20 世纪 60 年代文化深受政治和传统观念的影响下，许多著名大学（包括哈佛大学和多伦多大学）的规划学院相继从建筑学中脱离出来，建立了独立的学科，以摆脱建筑学在设计艺术领域的霸权。同样，景观设计学院中的许多教授非常关注环境问题，也开始脱离建筑学的文化和知识构架。在这些事件的共同影响下，设计学科之间逐渐疏远，将建筑学从那些曾经影响设计的经济、生态以及社会背景中脱离出来。在设计文化与环境行动主义相对疏远的时期，规划学科更倾向于与具有环保意识的景观设计学科进行合作，以打击其他设计学科，并从看似主观和自我的建筑学科中脱离出来。

建筑学、景观设计学和城市设计学作为设计类的学科虽然近年来保持着相对友好的关系，但新的学科与规划学科之间的相似性所产生的影响使得上述问题依然存在。这一问题引发了对规划学科地位和现状的思考，尤其是涉及设计文化和生态功能等方面。其中一个解决方法是检验当前的范式以及这一范式在城市规划中的可行性。从近期文献所提供的各种主题和观点中，可以将当下的城市规划总结为三方面的历史性矛盾。首先是自上而下的行政权力与自下而上的社区有机决策机制之间的矛盾。其次是假设规划与设计文化联盟与有机的本土语言之间的矛盾。再次是规划作为一种受环境科学启发的政府福利性工具、规划作为自由放任的经济发展背后真正的政治推动者以及规划作为一种交易的艺术三者之间的持续性对立。虽然表面性的矛盾正在减少，但若回溯到 20 世纪 60 年代矛盾所形成的政治背景中，这些对立的问题仍然对相关规划问题的讨论产生影响。[1]

在这个问题的众多出发点中，有一个非常有趣，即 1956 年城市设计的起源。城市设计产生于 20 世纪 50 年代中期，从某一方面而言，它的产生是对规划长期以来恪守其已有的经验性知识、科学方法和学科自主权的回应。对约瑟·路易斯·赛尔特（Josep Lluis Sert）及其同时代具有“都市意识”的建筑师而言，城市设计是设计城市物理空间的学科。城市设计有意识地将现代城市所面临的挑战通过空间化的方式予以呈现，以应对规划学科的研究越来越转向公共政策和社会科学的趋势。

半个世纪以前，城市设计起源于赛尔特对美学般的城镇规划（被视为文化的保守分子）和受生态思想启发的区域规划（被视为无可救药的先验论者）的批判，这两者的地位同等重要。[2] 这使得人们从历史演变的角度寻找赛尔特对不同专业进行分工建立城市设计的“原罪”，虽然这样做可能有些不公正或过于简单，但在城市设计诞生 50 年之后的今天，可以公正地说，这个领域确实存在一些问题。[3]

在一定程度上，这些危机源自否定 1956 年设立城市设计这一学科时忽略其他各种可能性的观点。这些被赛尔特及其同事们所摒弃的内容主要是含有生态思想的现代城市规划，一种受新兴的客观的科学生态学启发的城市规划。在众多规划师中，德国移民路得维希·希贝尔塞默（Ludwig Hilberseimer）继承了这一传统。同样在 1956 年，希贝尔塞默主持了底特律拉菲特公园城市更新公共住房改造计划。希贝尔塞默的城市规划理论正是源自这些典型的北美现代主义公共住房项目，而这一段有关现代主义规划的另类历史与当前的窘境有着特别的关联。希贝尔塞默的规划理论催生了一个社会融合、生态多元且具有文化进步性的规划项目，而非仅仅体现城市设计愿景。

鉴于当前的情况，这种兼顾社会参与、环境保护和文化内涵的规划实践虽然大有前景却“路漫漫其修远兮”。过去 25 年间，现代主义规划的失败已经显而易见，并在大众心目中留下了深刻的烙印，但也有迹象表明转折点已经到来。当代大量历史记录所记载的对现代都市主义的批判性反思即最有力的证据。历史记录将一些特殊的设计机构和学科从被批判的普通群体中剥离出来。这些设计机构和学科试图重述与现代主义公共项目相关的环境、社会和文化愿景。然而，历史记录所能做的仅仅是重新梳理当前学科的责任与义务，其中最重要的是重新梳理一段社会、经济和生态背景在设计中各有其意义且相互配合的具有现实意义的规划历史。[4]

这也指出了另一个在赛尔特所创立的城市设计时摒弃的传统观点：具有生态理念的一系列区域规划，包括派特里克·格迪斯、本顿·麦凯、路易斯·芒福德和伊恩·麦克哈格等人的实践和研究。他们代表了生态规划思想的不同方面，但把各自的特征以及具体项目糅合在一起时就会造成相当程度的危害，这也正是赛尔特所批判的。这些思想的共性是具有明显的先验主义思想，以及面对自然时形而上学的幻想。从这个角度来说，伊恩·麦克哈格重塑景观设计学作为具有环境保护思想的区域规划的一个分支，正是彰显了这一传统，而他也确立了 20 世纪六七十年代景观设计的学科宣言。这种观点表明经验主义的城市规划得以施行是依赖于强有力的福利社会体制。

当一代景观设计师被训练成经验主义的拥护者之时，麦克哈格的范式也走向了一个悲剧性的终结。无论正确与否，麦克哈格理性生态规划的本质被认为是反城市的，同时，作为先验论思想，在日益衰落的福利社会背景之下显得有些不切实际，并过分依赖于集权规划这一已经过时的概念。[5]

最近再一次兴起的有关景观与当代都市主义关联性的讨论与麦克哈格的思想毫无关联。这些讨论在很大程度上体现了对当代设计文化的认知和理解。当今与城市相关的设计类学科面临的挑战以及城市规划的失败似乎与麦克哈格理论所宣扬的经验知识和科学方法毫无关联，城市面临的挑战也与信息的缺乏没有太大关系，相反，与一种文化政策的失败关系更加密切，这种文化彻底放弃了福利国家对理性规划的期望。景观的新发现并非源于具有环境保护思想的区域和城市规划，而是与对都市主义的质疑以及与设计文化之间重新建立的友好联系有关。对 20 世纪 60 年代成长起来的景观设计师或者自诩为环保主义的拥护者来说，这将是一个令人迷惑和困扰的转变。这些标榜为自然拥护者的景观设计师惊奇地发现，最近景观与城市的讨论发生关联更多的是通过设计机构而非通过公共程序或理性规划。更为讽刺的是，尽管数十年以来景观专注于生态规划，但与当代都市主义相关的景观新发现却来自设计文化、捐赠群体和大众广泛的环境保护意识的相互融合。

景观设计师主张，景观作为一种都市主义起源于过去二十多年间建筑学的讨论，似乎现代主义最终将走向景观。[6]其中一大证据是，可以很容易地列举那些杰出的建筑师对景观设计师所产生的推动性影响。通常，杰出的景观设计师接受的景观生态方面的教育是深受建筑理论影响的生态学知识。[7]接受此类教育的景观设计师和城市规划师倾向于将多种看似矛盾的生态学结合在一起。许多当代景观设计师将生态学作为城市驱动力和流的研究模型，一种延缓作者身份（deferred authorship）的媒介，一种大众接受和大众参与的修辞手法，同时保留了生态学是进行物种及其栖息地科学研究的传统定义，但常常将其应用于更大的文化或设计议题中。

在基于此的一个最有趣的项目中，城市形式并非通过规划、政策或参照任何先例形成的，而是通过自主、自我调节的自然生态系统产生的。许多案例中，城市形态最终并非通过设计而是通过以文化为目的生态过程产生。这种将生态学作为景观设计策略与生态学作为自然科学的结合是城市设计师、城市规划师和环保主义者相关讨论中愈发混乱的原因所在。[8]

这些趋势在景观文化方面表现得十分明显，早在 19 世纪 90 年代的大型项目竞赛中已有相关描述，从而引发了一系列关于城市规划地位的讨论。在这些定义景观对城市设计影响的规范化项目中，规划扮什么角色？在概念构思和实施阶段，规划行业扮演什么角色？一个关于当代国际景观设计实践的简短调查揭示了一种可能性：大多数情况下，景观设计的策略走在规划的前面。在这些项目中，生态学的知识影响了城市的秩序，设计机构通过土地使用、环境管理、公共参与以及设计文化等内容的统筹考虑来推动这一进程。项目采用设计竞赛、遗产捐赠、社区共识等方式，使既有的规划制度显得十分多余。在许多项目中，景观设计师以及城市规划师对经济、生态、社会、文化进行排序，重新构想了服务于文化生产的城市场地。最终，在这一趋势下，规划学科只能仓促地投身于文档类设计、公共关系管理、立法手续以及社区利益等工作。[9]

如果这是真的，那么对规划行业又有什么建议？如果这是真的，那么规划师作为自由发展制定基本规则的公正的中间人这一传统定义应该被社会政策、环境保护、设计文化等所扮演的更加复杂的角色所代替。借助规划媒介在项目开发之前进行公共政策和社区参与，这种约定俗成的假设可能会产生争议。规划超越设计学科的卓越地位也可能终将危在旦夕。在这一构想中，设计机构成为在大尺度设计中规避、绕开传统规划过程的一种手段。

在迄今为止这些被认为是景观都市主义的典型项目中，规划处于什么地位？正如前文提到的，早期景观都市主义者讨论提出的设想已经得到了一些西欧建设项目的支持。这些项目正好契合国家福利体制下的规划传统，如法国宏大的项拉维莱特（la Villette）或法国新城默伦塞纳（Melun–Sénart），[10] 均非常清晰地展现了不同尺度下的规划，同时，竞赛作品的内容（而非对规划实践的批判）对景观都市主义的讨论产生了深远的影响。与之类似，20 世纪 80 年代西班牙巴塞罗那的项目以及随后 90 年代荷兰的一些项目都可以理解为在各自独特的规划传统影响下的产物。[11] 在许多类似项目中，景观从规划原有的体系中显露出来，成为一种具有特殊意义的媒介。从法国国家尺度的文化建构到后佛朗哥时期（post–Franco）加泰罗尼亚（Catalonia，西班牙东北部地区）将规划作为一种政治手段，再到荷兰将水文和交通基础设施作为国家空间规划的传统，这三个案例为此类项目提供了一系列先例。

最近，北美景观都市主义的实践案例提出了一个异于以往的政治经济规划。欧洲景观都市主义的案例致力于从促进社会福利、调整环保标准、补贴公共交通、资助公共领域等公共职能的特殊概念中凸显出来。在过去十年间，纽约、多伦多、芝加哥和其他当代北美景观都市主义实践的项目也表现出与规划之间不同以往的关系。同时，一些案例指出了景观都市主义实践的成熟和呼吁城市形态结合生态过程的高潮。[12]

最近一份关于美国最大的城市中心区建设方案的调查证实了上述观点。近年来，北美一些城市通过一系列项目确立了景观都市主义的地位。一些项目将景观作为规划的媒介来限定城市的形态，另一些项目则专注于更加具体的与景观设计过程相关的城市设计，包括建筑形式、街区结构、建筑高度和退让线。其中最典型的案例是多伦多滨水区域，即按照明确的景观都市主义路线对场地进行了重新构想。总而言之，纽约、芝加哥和多伦多近期的案例都预示着，景观设计师已成为这个时代的城市规划师。

纽约是景观设计师重要实践的场所。2002年，迈克尔·布隆伯格（Michael Bloomberg）当选为市长之后，纽约开始了“景观主导城市开发”的实践，为期十年，具有非凡的意义。其中许多项目属于景观都市主义与生态功能、艺术和设计文化相交叉的领域。如同前文所述，早期的史泰登岛（Staten Island）垃圾填埋场的重建和恢复竞赛为景观设计师提供了一个在城市发展尺度上施展才华的机会。詹姆斯·科纳的场地运作景观设计事务所进行公园项目规划（2001 年至今）时主要考虑景观修复和生态功能，但该公园仍然可以作为一个高度规划的城市空间，适应周边场地的可持续发展，以满足不断增长的娱乐和游览需求。这个早期的景观都市主义项目提出，公众想象中的公园与公园设计随着时间变化不断演替的过程同等重要。在此背景下，奥尔巴尼州的共和党领导人与纽约市长达成了一个罕见的政治联盟，并为纽约的史泰登岛（Staten Island）项目提供了公共资助。[13]

场地运作景观设计事务所、Diller Scofidio + Renfro 事务所和 Piet Oudolf 事务所设计的高线公园（图 3.1、图 3.2）运用更加细致的和步行的景观尺度，更直接地与城市发展和建筑形态产生关联。项目规划的原因是当地社区组织反对拆除一条穿越曼哈顿西切尔西区肉类加工区的废弃高架铁路货运线。尽管以前政府的城市规划师认为这个废弃的构筑物阻碍了城市的发展，但高线的支持者们成功地说服了即将上任的布隆伯格（Bloomberg）政府将高线视为城市发展的潜在资源。这些支持者募集资金，举办了国际设计竞赛，希望将场地改建成高架景观廊道，这让人联想到巴黎绿荫步道（Promenade Plantée）项目。虽然高线项目的设计和建造花

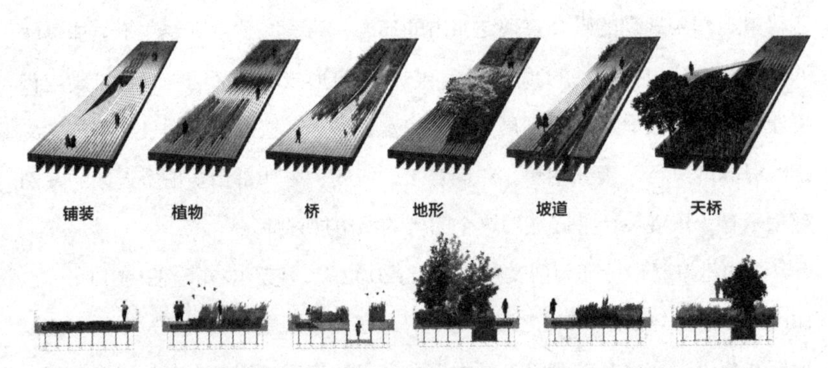

图 3.1 詹姆斯·科纳/场地运作景观设计事务所和 Diller Scofidio + Renfro 事务所，高线公园，纽约，景观类型学，2004 年

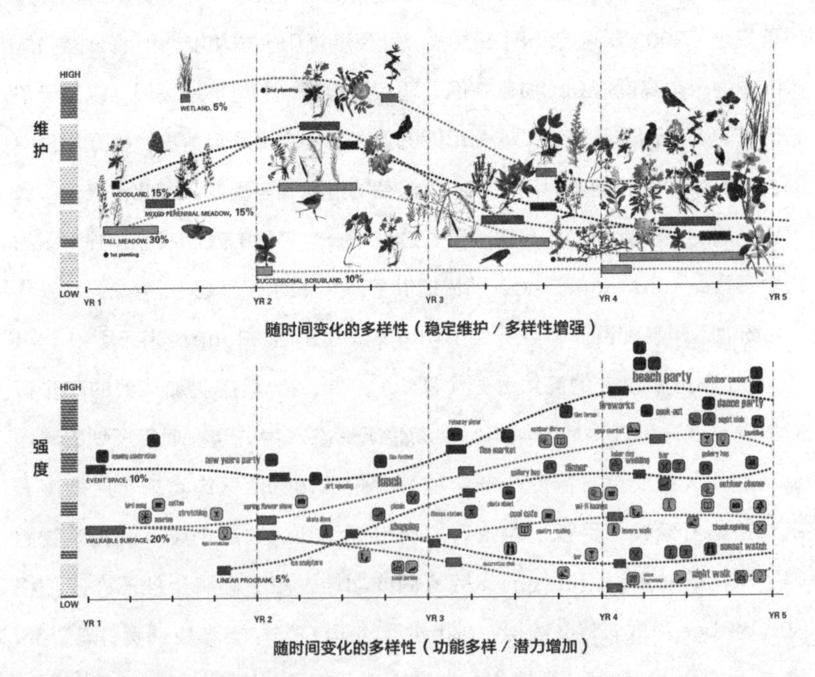

图 3.2 詹姆斯·科纳/场地运作景观设计事务所和 Diller Scofidio + Renfro 事务所，高线公园，纽约，随时间变化的多样性分析图，2004 年

费了数百万税费，但据相关报道，即使在经济衰退最糟糕的时刻，税收增量资金回报率仍然高达 6 ： 1。项目通过景观而非传统城市形态的方式进行设计，推动了城市的发展，同时，干预的强度与这个密度最大的北美城市相匹配。这虽然是一个景观项目，但对城市产生的影响却是显而易见的，艺术设计、文化发展和城市公共空间的巧妙结合为景观设计师作为城市规划师提供了强有力的支持。[14]

在过去十年间，纽约陆续通过各种规划机制建设了一系列公共景观项目。其中，肯·史密斯（Ken Smith）事务所与 SHoP 事务所合作的东河（the East River）滨水区设计（2003 年至今）、迈克尔·范·瓦肯伯格联合事务所设计的哈得逊河公园（Hudson River Park，2001 至 2012 年）和跨越东河的布鲁克林大桥公园（Brooklyn Bridge Park，2003 年至今）最令人瞩目。后者是一个全新的公共景观，为景观都市主义、社区聚集、促进发展和环境改善提供了一个成熟案例。（图 3.3 至图 3.5）最近，West 8 景观设计事务所的总督岛设计方案（Plan for Governors Island，2006 年至今）也同样展示了对环境美化、生态建设与城市发展的重要影响。[15]

芝加哥提供了另一个北美城市景观都市主义实践的案例。伴随景观都市

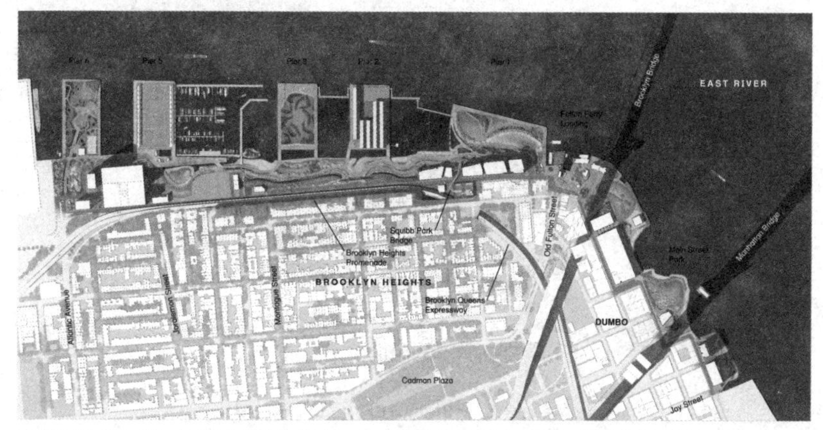

图 3.3 迈克尔 · 范 · 瓦肯伯格联合事务所，布鲁克林大桥公园，纽约，场地分析，2014 年

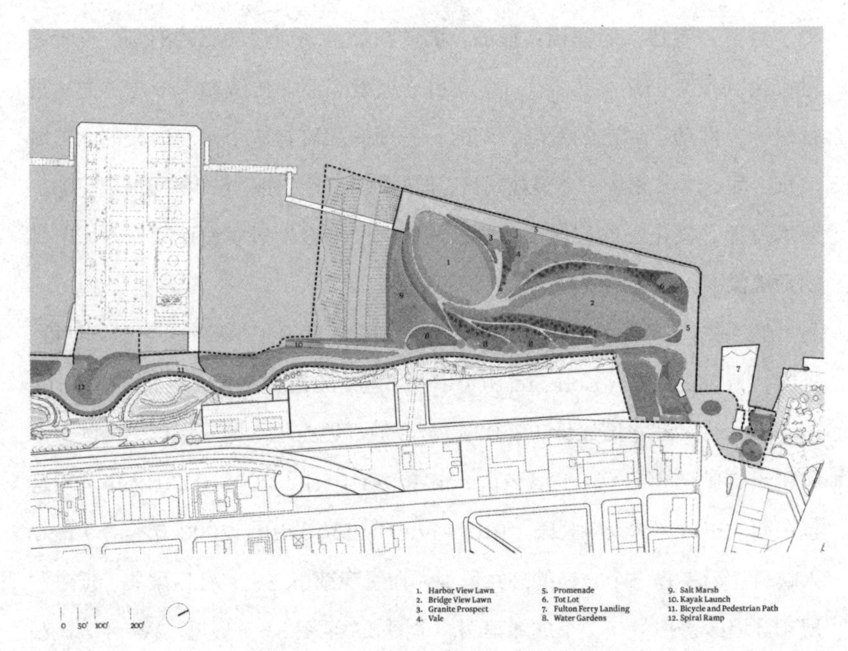

图 3.4 迈克尔 · 范 · 瓦肯伯格联合事务所，布鲁克林大桥公园，纽约，平面图，2010 年

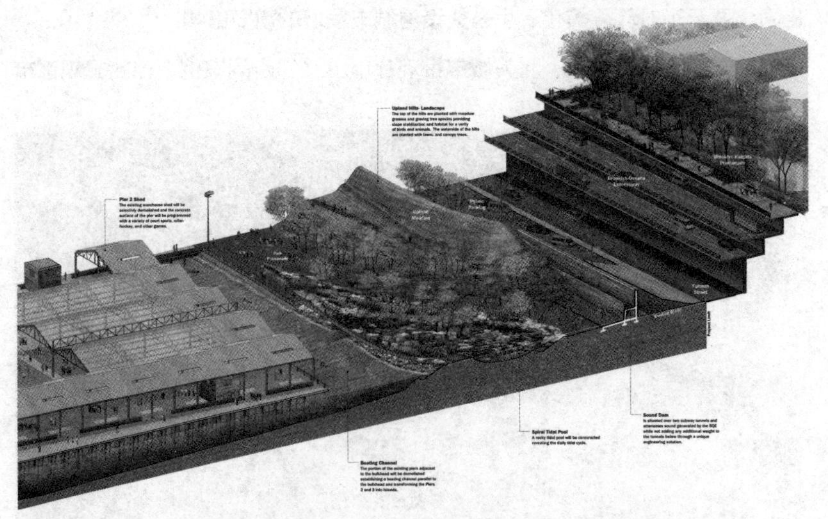

图 3.5 迈克尔 · 范 · 瓦肯伯格联合事务所，布鲁克林大桥公园，纽约，场地截面轴测图，联合 2006 年

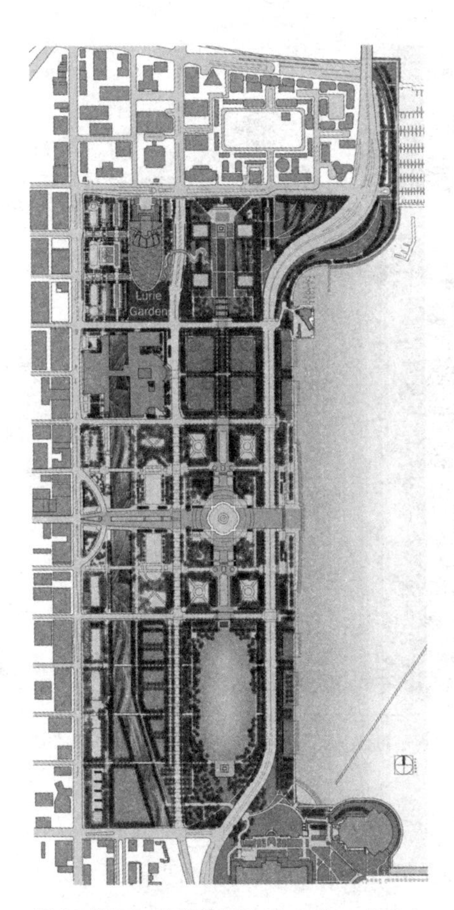

图 3.6 凯瑟琳 · 古斯塔夫森，Gustafson Guthrie Nicho 设计事务所，千禧公园，芝加哥，总平面图，2000 年

主义讨论和实践的兴起，市长理查德 · 戴利（Richard M. Daley）支持了许多令人瞩目的景观项目。千禧公园（Millennium Park）是最早的一个，最初由 SOM 事务所（Skidmore, Owings & Merrill）设计，在时间紧迫且预算有限的情况下，将格兰特公园（Grant Park）内废弃多年的铁路站场改造成为雕塑公园。在芝加哥一些设计文化和艺术界名人的倡议下，该项目逐渐发展成一个国际性设计文化的聚集地（图 3.6、图 3.7）。随之而来的新的综合性计划包括由景观设计师凯瑟琳 · 古斯塔夫森（Kurethy Gustafson）和园艺师皮特 · 奥多夫（Piet Oudolf）设计的卢瑞花园（Lurie Garden，2000 至 2004 年），由建筑设计师弗兰克·盖里（Frank Gehry）、伦佐·皮亚诺（Renzo Piano）设计的建筑项目，以及由设计师安尼施 · 卡普尔（Anish Kapoor）、乔玛 · 帕兰萨（Jaume Plensa）等人所做的装置艺术。[16] 最近，芝加哥废弃

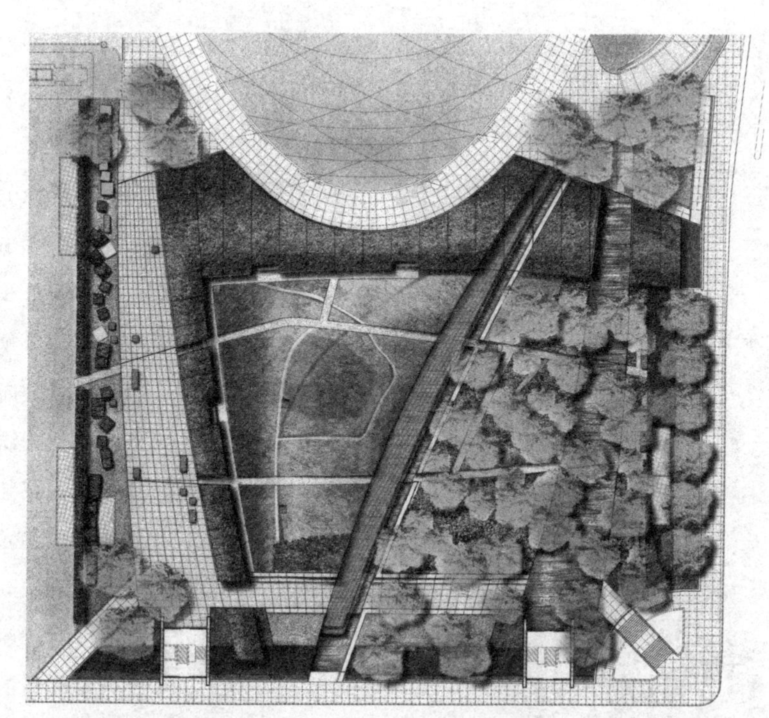

图 3.7 凯瑟琳·古斯塔夫森，Gustafson Guthrie Nicho 设计事务所，千禧公园，芝加哥，平面图，2000 年

的高架铁路卢明代尔铁路也正在由迈克尔·范·瓦肯伯格联合事务所（成立于 2008 年）重新规划，旨在成为一个比纽约高线公园更加多元化、更加人性化的场地。类似的项目还有场地运作景观设计事务所设计的芝加哥海军码头重建项目（Redevelopment of Chicago's Navy Pier，2012 年至今）以及 Gang 建筑事务所设计的北方岛项目（Northerly Island，2010 年至今）。这些项目均提议将景观作为城市公共滨水空间的媒介。

当代多伦多也为景观设计师作为城市规划师这一观点提供了强有力的案例支持。这个加拿大人口最多的城市，后工业滨水区域正在被国有企业多伦多湖滨开发公司（Waterfront Toronto）重新规划。多伦多湖滨开发公司委托阿德里安·高伊策、詹姆斯·科纳和迈克尔·范·瓦肯伯格等一批前沿景观设计师对城市滨水区域进行重建。这个项目要求城市新区中的公共区域和建筑形态与湖泊和河流的生态恢复协调，因为后者塑造了增长中的城市形态（图3.8）。第一个案例是West 8景观设计事务所与DTAH景观设计事务所联合设计的中央滨水区开发项目（2006年至今，图3.9至图3.11）[17]。方案伊始，West 8景观设计事务所对城市形态进行了一次生态论证，别出心裁地阐述了鱼类栖息地空间、文化内涵、零碳交通和空间的可识别性，进而从众多方案中脱颖而出。至今，该项目仍在建设中，旨在建立连续性的基础设施、雨洪管理系统以及全新的多伦多文化意象。在该项目的东端，场

图3.8 多伦多湖滨开发公司，中心湖滨、东部湾区、下顿河区、安大略湖公园，总体鸟瞰图，2007年

图3.9 West 8景观设计事务所和DTAH景观设计事务所，中心湖滨竞赛，多伦多，总平面图，2006年

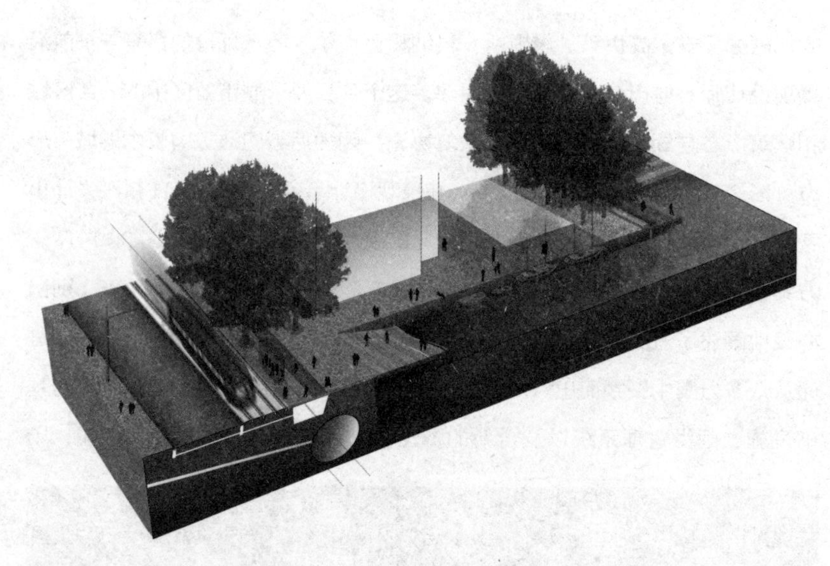

图3.10 West 8景观设计事务所和DTAH景观设计事务所，中心湖滨竞赛，多伦多，场地剖面轴侧图，2006年

图3.11 West 8景观设计事务所和DTAH景观设计事务所，中心湖滨竞赛，多伦多，鸟瞰图，2006年

地运作景观设计事务所受邀设计一个近405公顷的公共公园：安大略公园（2006年至今）。项目场地原先是一片严重萎缩的工业用地，区域内存在数个鸟类栖息地，具有很强的生物多样性并极具吸引力；该项目在此背景下打造了全新的娱乐设施，并倡导一种全新的生活方式。下顿河区（2005年至今）处于高伊策的中央滨水区项目和科纳的安大略湖公园项目之间，正按照迈克尔·范·瓦肯伯格联合设计事务所和肯·格林伯格设计事务所的设计进行开发（图3.12至图3.14）。设计方案源于一次国际设计竞赛，旨在将顿河完全人工化的河口恢复为自然化河口，并将河口区域发展成一个可容纳三万名居民的新社区。这个同时包含雨洪管理与控制、生态功能重建和适应城市发展的独一无二的项目为景观都市主义实践提供了一个清晰的研究案例。虽然许多下顿河国际竞赛的决赛方案如之前的项目一样，都在倡导有关景观都市主义的讨论，但迈克尔·范·瓦肯伯格设计团队和设计方案是当今北美建筑形式与景观过程融合的最佳案例，同时点现了当代景观都市主义实践的承诺。景观设计师需要建立一个包括城市规划师、建筑设计师、生态学家和其他专家在内的复杂的多学科团队，并协调高密度、步行适宜性、可持续性社区与多元化、功能性的城市生态系统之间的复杂关系。[18]

景观城市主义的实践改变了北美城市的规划和发展，同时在世界各地的城市和文化中日益普及。从国际化的视角来看，有两种趋势显而易见。一类项目倡议将文化设施作为大型景观和基础设施计划的一部分，包括巴特亚姆（特拉维夫）双年展（Bat Yam Tel Aviv Biennale）的景观都市主义展览（2007至2008）、托莱多艺术网公共艺术与景观竞赛（Toledo ArtNET Public Art Landscape competition，2005至2006年）以及雪城（纽约）文化长廊竞赛（the Syracuse Cultural Corridor competition，2007年至今）。另一类项目将景观策略作为大型水资源管理和经济发展项目的依据。其中包括亚历克斯·沃尔（Alex Wall）和亨利·巴

图 3.12 迈克尔 · 范 · 瓦肯伯格联合设计事务所和肯 · 格林伯格设计事务所，下顿河区，多伦多，总平面图，2007 年

图3.13 迈克尔·范·瓦肯伯格联合设计事务所和肯·格林伯格设计事务所，下顿河区，多伦多，平面图，2007年

图3.14 迈克尔·范·瓦肯伯格联合设计事务所和肯·格林伯格设计事务所，下顿河区，多伦多，鸟瞰图，2007年

瓦的岱禾景观事务所（Henri Bava / Agence Ter）跨越莱茵河两岸大都市区的“绿色大都会”规划方案（Green Metropolis Planning，2006 至 2007 年），以及近期克里斯托弗·海特（Christopher Hight）的休斯敦哈里斯地区水资源管理局的规划项目（Harris County Regional Water Authority，2007 至 2009 年）。[19]

近年来，东亚地区的景观都市主义实践发展尤为突出。许多景观设计师参与了多个城市设计项目。景观设计师和城市规划师为新加坡湾的重建以及中国香港及其周边地区景观策略的发展提供了方案。在过去十年中，韩国和中国台湾的一系列景观设计竞赛的获奖方案也体现了应对复杂的城市与生态问题的景观都市主义策略。近年来，在中国，深圳的城市建设一直致力于景观都市主义的实践。

深圳龙岗中心区的景观设计竞赛为当代景观城市主义实践提供了一个国际性案例。由深圳市规划局选出的龙岗新区规划获胜方案（2008 年至今）是伊娃·卡斯特罗（Eva Castro）、阿尔弗雷多·拉米雷斯（Alfredo Ramirez）的 Plasma 设计事务所与爱德华多·里科（Eduardo Rico）的 Groundlab 设计事务所联合设计团队的作品（图 3.15 至图 3.17）。[20] 卡斯

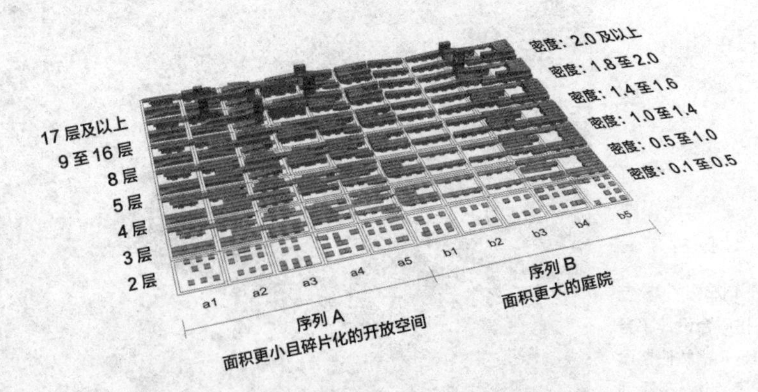

图 3.15 伊娃·卡斯特罗、阿尔弗雷多·拉米雷斯的 Plasma 设计事务所与爱德华多·里科的 Groundlab 设计事务所，中国深圳龙岗区，国际城市设计竞赛，关联性城市模型，2008 年

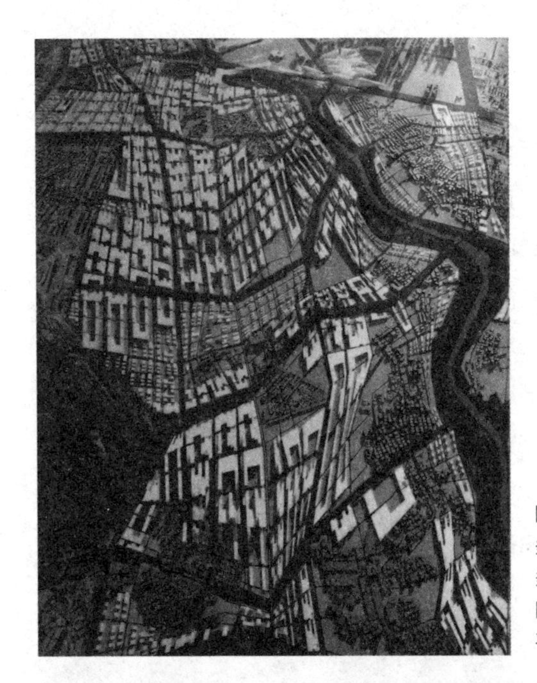

图 3.16 伊娃 · 卡斯特罗、阿尔弗雷多 · 拉米雷斯的设计事务所与爱德华多 · 里科的 Groundlab 事务所，中国深圳龙岗区，国际城市设计竞赛，平面图，2008 年

图 3.17 伊娃 · 卡斯特罗、阿尔弗雷多 · 拉米雷斯的 Plasma 设计事务所与爱德华多 · 里科的 Groundlab 设计事务所，中国深圳龙岗区，国际城市设计竞赛，鸟瞰图，2008 年

特罗、里科等人利用城市形式、街区结构、建筑高度、建筑后退线等关系到理想环境指标的因素建立了一个关联的数字模型。Groundlab 事务所用一个根据所输入的生态信息、环境基准数据和发展目标产生不同结果的参数化动态关联性数字模型，代替了竞赛所要求的巨大的物理模型。关联性数字模型的发展是景观都市主义实践的最前沿，试图将更精准的生态过程与城市形态关联起来。最近，深圳的前海新城竞赛则代表了对景观生态作为一种媒介的持续性投入，进而阐释特大城市的发展。这个竞赛最终入围的是 OMA 事务所、场地运作景观设计事务所和乔安·巴塞奎特斯事务所的三个方案。方案都提出，规划一个拥有一百万居民的新城区，首先需要恢复河流入海口区域的生态功能和环境卫生。该竞赛的获胜方案（由场地运作景观设计事务所提出）以及其他两个入围方案都通过景观生态学的方式为原本不起眼的城市土地赋予了新的形式与内容。从这个角度来说，方案在考虑如何更好地组织和表达城市场地本身这个问题之前，首先考虑的是河流流域和城市的总体形态。这种令人瞩目的多方位均衡考虑的设计方法来自三个分别由建筑师、景观设计师和城市规划师领导的团队。

方案的共同之处在于表现出景观设计师作为城市规划师时代的来临。景观都市主义实践是在经济、生态和基础设施的基础之上重新构想城市的形态。这对城市规划意味着什么？虽然这一实践仍处于发展初期，但可以肯定的是，规划借助公共政策和社区参与成为一种媒介的假设可能会产生争议，因为在许多项目中设计机构和环境主张已走在传统规划过程之前。基于此，规划超越设计学科的卓越的历时性地位可能已经岌岌可危。

当代城市实践通常以职业角色与责任的灵活性与流动性为特征。这些项目通常是多学科团队的研究成果，其中，景观都市主义倡导者在城市战略层面扮演着重要的结构性角色。同时，项目展示了生态功能和设计文化与当代城市发展的形式与尺度之间的关系。毫无疑问，规划将继续发挥各种关键性作用，但这些角色和关系会随着时间变化不断变化。

这种特殊的结构对城市规划学科意味着什么？首先，规划应该致力于重新建构其现代主义的历史，找回一段包含社会公平、环境健康和文化包容的有意义的历史。这意味着规划学科将重新审视现代主义规划中的优秀案例，即应用生态和社会知识而非获得高额设计费的案例。如果规划师不放弃既有的学科身份和核心价值，可能会受到多种职业的训练而最终成为有文化的消费者或政府部门设计委员会的委员。这也证实了一个既有观点，即规划师是一个在区域尺度上处理独立的土地拥有者、当地的社区问题和共同的生态议题三者之间复杂关系的特殊人群。规划师将继续作为公众参与设计的倡导者和对话者，同时，强化作为房地产市场、新兴的捐助者阶层和设计领导者的中间人的独特专业性。此外，规划师还将继续作为设计的支持者和拥护者。在一些案例中，规划过程可能仍然处于设计过程之前。然而，通常情况下，设计过程先于规划过程，特别是在土地所有权、社区利益、公共政策和生态效益交织的情况下，传统的规划过程可能失去作用。规划师及其教育机构可能得益于重新评价景观作为都市主义的媒介，并以此应对上述可能性。这也将推动对当代规划实践最佳模式的批判性反思，尤其是景观作为都市主义的媒介所具有的当代价值。接下来的几个章节将更加直接地阐释这一问题，并将景观都市主义置于由福特主义向后福特主义工业经济转变过程中经济转型的背景下来讨论相关问题。

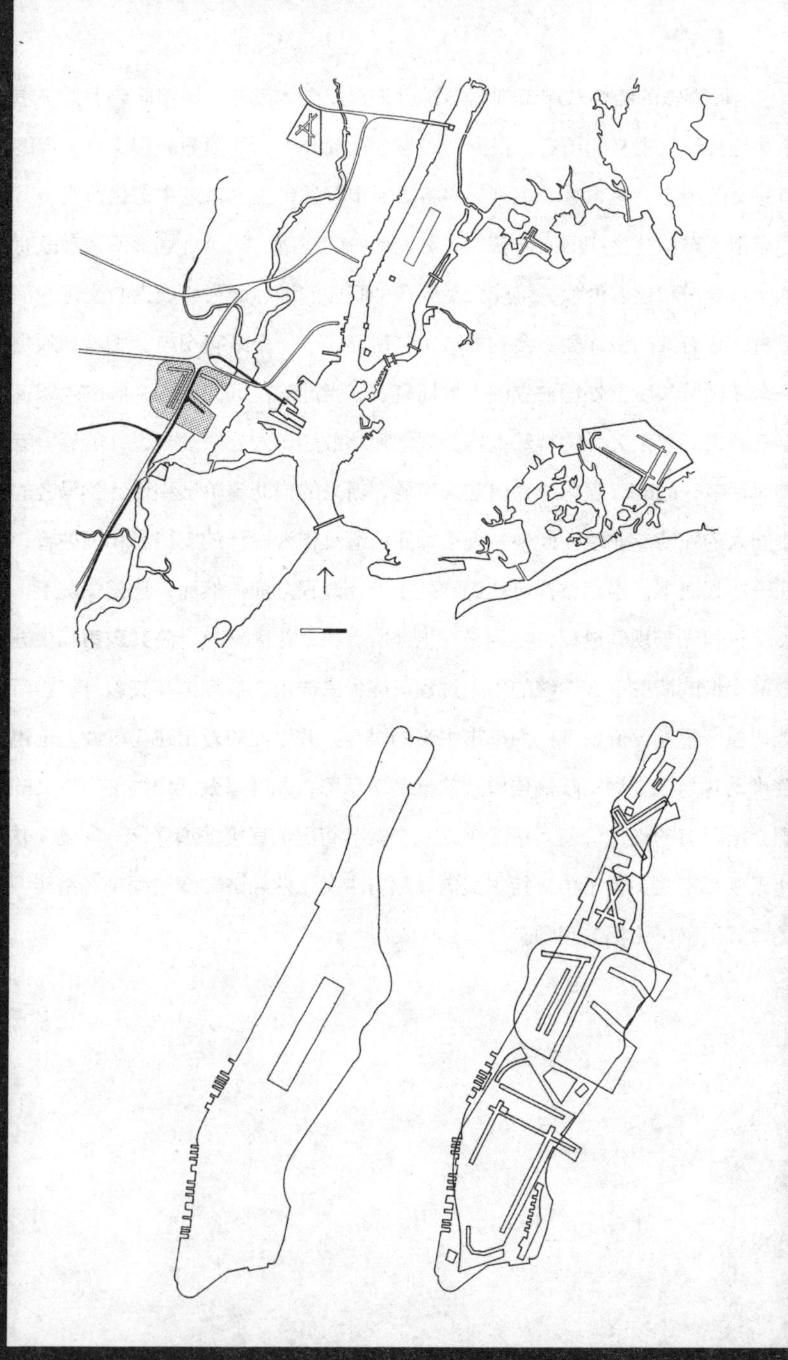

篇章总图　亚历克斯·沃尔和苏珊·尼格拉·施奈德，纽瓦克机场和纽瓦克码头－伊丽莎白码头叠加在曼哈顿上，平面图解，1998 年

第四章 后福特主义经济和物流景观

大都市的反乌托邦已成为不可逆转的历史事实，即使不是一种新的存在（形式），却在很早以前就已经孕育了一种新的生活方式。

—— 肯尼斯·弗兰姆普敦（Kenneth, Frampton），1990 年

景观都市主义实践的兴起与工业经济结构调整而遗留的大量土地密切相关。在这一背景下，景观在缓解经济结构调整带来的冲击以及避免城市居民遭受由此造成一系列社会和环境的不利影响方面被寄予期望。工业经济的改变使得原有的城市空间形态暴露出明显不足时，人们开始意识到，景观与修复、恢复和复兴城市形态发展之间存在莫大联系。这并非简单的形式或文化问题，还意味着景观在作为设计媒介与促进城市化进程的工业经济转型之间的结构关系。本章重新梳理了新自由主义下的后福特主义经济与相关景观都市主义实践之间的关联。

从历史上看，经济发展过程限制并塑造城市的形态。[1] 许多西方城市起源于游牧文明向农耕文明的转变，这一转变将劳工分为传统农业者与手工业者，并积累了过剩的劳工，为人类密集居所的形成提供了先决条件。与这些转变同等重要的是货币经济、银行系统的产生以及各种市场的出现。这一系列复杂的社会与经济进程必然导致自然环境向人工环境转变（或者是天然向人造的转变）、领土殖民化以及大量城市的开发建设。在西方，这种模式孕育了传统军事营地、通商口岸、中世纪的村庄、启蒙运动城市和工业化大都市。近期，一部分西方城市形态发展历程表明聚居的模式取决于特定的经济贸易形式。工业革命背景下的自由市场经济和民主政治使得贸易的规模和范围不断扩大，由此，欧洲与美国的城市密度有了前所未有的增长，同时私人财富高度集中、社会病态现象与环境污染也达到了空前的程度。

19 世纪末和 20 世纪初，这些大都市的发展和建设依赖于交通和通信系统的进步，其促使城市形态形成了巨大的发展。早期的现代都市社会学家格奥尔格·齐美尔（Georg Simmel）将都市经验的心理特征归因于客观的货币经济、匿名的社会关系和与工业化关联的重复劳动。[2] 齐美尔认为，现代都市匿名社会关系的发展是以牺牲较小的农村和农业聚居生活中更亲近的家庭和社会关系为代价。在现代，这种心理状态伴随着疏离感和个人身份的丧失，这在很大程度上是农村人口向城市中心迁移造成的结果。这些人类主观经验的形成表明，城市作为多元化的人口密集地，数量不断增加，规模日益庞大。如果没有从迁移、乡村以及越洋带来相对低廉的劳动力，那么则无法想象现在的大都市是什么样。

当代设计领域中，将大都市与这种工业城市的特定形式联系起来已成为一种普遍现象。持续存在的大都市主观经验心理特征比与其相关的具体物质和空间形式更加长久。随着以信息、教育和娱乐等产业为基础的后福特主义服务经济体的崛起，如今北美的许多城市认识到，想要吸引人口，不仅要扩大就业机会，更要提供优质的服务、创造良好的体验及营造高品质的生活。这些无形的生活质量问题逐渐成为日益灵活的就业安排的基本保障。[3]

为了应对这些经济和社会状况，城市的发展建设力图提供了一系列令人信赖的品牌、熟知的商品和习以为常的事物，而非疏离感和陌生感。大都市区的繁荣已经变成依赖于日益流动的资本和市场的吸引力，两种倾向已经显而易见：持续的城市形态分散化，在工业化大都市商品化的体验中不断强化不同区域的主题特色，避免因此带来的历史弊病。这些区域同样针对旅游和移民，并构成当代公共领域的很大一部分。这些地区当代都市生活的显著特征是在流动阶层和移民阶级之间、私人资本和公共财产之间、文化和商业之间、教育和娱乐之间的历史性差异的消解。[4]

当代景观作为一种洞悉既定消费环境的媒介作用已经得到充分证实，[5]其在修复并恢复因早期去工业化和投资控制而遗留的大量废弃工业土地方面的作用也同样有据可依。[6]然而，随着物流系统及其附属基础设施的增长，人们减少了对新景观需求的关注。

地理学家将工业经济划分为三个不同的历史阶段：集中、分散和分布。[7]每一个历史阶段均以特定的方式构建了一种独特的空间组织和城市形态。这些生产模式之间的转变最显著的是先前城市形态所存在的种种缺陷使原有的空间形式在这些生产模式形成之初就被淘汰。第一个转变是从集中工业模式到分散工业模式的转变。这一转变发生在 20 世纪中叶，与城市形态的分散化过程密切相关，是一种从早期集中式福特主义向成熟的分散式福特主义的转变。目前正在进行的第二轮转变是将工业从国家分散型组织转变为国际分散型组织。第一次过渡是从密集的城市工业基地转移到分散化的郊区，特点是国家公路系统的增长，郊区化和城市中心人口的大量减少。虽然工业从传统的城市中心分散开来，但国家各种市场和产业的发展却是这个时期的特点，最近向全球经济第二次转型的特点是愈发依赖于国际贸易和新自由主义经济政策。[8]

正如第二章所述，大卫·哈维指出后现代文化趋势的根源在于 20 世纪 70 年代初福特主义经济体制结构的大范围瓦解。[9]哈维并不只是关注设计风格层面上的问题，他认为，建筑和城市化的后现代主义倾向是与一种新的政治制度直接相关，并称其为“弹性积累”。这种政治制度的特征是新自由主义的经济政策、准时制生产、资源外置、灵活或非正式的劳动力安排，以及越来越多的全球资本流动。[10] 在过去十五年中，哈维的研究在建筑领域中产生了巨大的影响，他的研究已成为后现代文化背景及其与现代都市主义关系中最持久的一部分。

哈维关于后现代文化背景的经济基础学说最近已被设计学科，特别是景观设计学科所采用。[11] 哈维的观点有力地阐明了主题性景观已成为当代城市设计与大众工业经济中生产、消费及交易过程的砝码。[12] 哈维认为，在 20 世纪下半叶，工业经济的全球重组和新的交通、通信以及交易基础设施的建设重组了整个北美的城市化模式。

哈维提出的“弹性积累”试图描述由后福特主义时期全球化体系、灵活的劳动关系和新自由主义经济政策所形成的新型城市消费文化形式特征。在 1973 至 1974 年和 1979 年的石油危机之后，美国的许多经济部门取消了管制，标志着福克斯主义管控下凯恩斯福利国家监管的垮台。这也是工业经济中最严重的一次危机，面对不断加剧的国际竞争，美国汽车工业近乎崩溃。这些转变对城市形态产生了十分复杂的影响，并且至今仍未消散。这些影响体现在人们已开始放弃以前密集、资本充足的工业用地，那些留下的无法迁移的人们也开始觉醒；此外，之前城市的旅游地品牌、娱乐和休闲场所也受到影响，同时，在不断蔓延的城市肌理中，一些特定的城市社区进行了优化改造。[13]

这种分布式模型的转变依赖于全球交通、通信及资本体系的发展。分布式模型的一个特征是依赖于“即时”生产模式。这些策略大部分试图减少在形成成品之前为保证大量原材料或部件存货而产生的间接成本。同样，这些策略关注的是在消费品被购买的那一刻进行生产，而非在其之前。这两种倾向来自对减少现场存储原材料、部件和成品等有关成本的考虑。劳动力、材料和资本与充满竞争性的全球市场相结合时，这些趋势推动了工业生产的国际化。

这些趋势导致了三个直接后果。第一，工业生产过程中部件从全球各个地方汇集在一起，迅速组合成成品，而其本身仅仅在销售给客户时才被订购，这种现象已经非常普遍。第二，工业方面，人们愈发关注运输系统或供应链中最终装配的部件或材料的存储。第三，产品一旦制造完成，就会尽快发送出去。总而言之，该系统将更多的材料、部件和产品纳入全球运输系统中，越来越多偏远地区的发展也使得运输的路程越来越长。[14]

这些变革的影响使得更便宜的消费品和许多新兴劳动力市场纳入全球化的经济发展模式中。此外，基于这些转变，新的工业形式越来越依赖于全球供应链，废弃的场所变得多余。因此，形成了一种物流景观，需要更多的土地，用来装运、分批和运送货物。这种景观可以说是自世纪之交以来建筑环境中最重要的变革之一，但尚未被完整描述或理论化。两位作者首次在设计相关学科发表有关物流主题的论著，并声称景观与其具有特定的相关性，这并非一种巧合；此外，也都对景观都市主义的相关论述做出了重要贡献。阿里桑德罗·柴拉波罗（Alejandro Zaera Polo）1994 年的文章《秩序混乱：高级资本主义的物质组织》（*Order out of Chaos: The Material Organization of Advanced Capitalism*），首次尝试阐明全球化的不透明性与其对城市形态显著影响之间的关系。[15] 柴拉波罗的文章借鉴大卫·哈维的研究，试图将哈维的经济分析在空间上的影响进行理论化。遗憾的是，柴拉波罗的努力没有完全实现，尤其是采用令人费解的方式对混沌理论和复杂性科学模型进行讨论，而这在 1994 年仅仅是一种潮流。苏珊·斯奈德和亚历克斯·沃尔 1998 年的文章《运动和物流的新兴景观》（*Emerging Landscapes of Movement and Logistics*）提供了一个更清晰的论点，更加经得起时间的推敲。[16] 该文章首次专门研究了物流在先进资本主义中日益显著的作用，预测了空间和规律对这些新形势的影响，并提出了有助于构建未来研究框架但却被低估的观点。显然，正如沃尔后来在 1999 年的《城市表面设计》（*Programming the Urban Surface*）一文中所述，对当前景观和当代城市形态在物质经济层面的讨论已经做出了具有开创性的预测。[17]

柴拉波罗和沃尔准确预测了当代人们对全球资本组织及其流动性、推动动力的关注，伴随着资本流动，关于景观的讨论将不断增加。这意味着，更重要的转变是对交通和网络基础设施以及物质、信息和资本流动空间的优先考虑。在沃尔和柴拉波罗的论述中，这些场所受到特别的关注，甚至已经取代了材料生产地的地位，而材料生产地在 20 世纪的都市主义讨论中占据重要的地位。虽然这些场所一直处于被抛弃、撤资和衰退的状态，而当代社会更加倾向关注高速公路基础设施、交通枢纽和物流场所。最近勒伊·斯特林（Keller Easterling）、尼尔·布伦纳（Neil Brenner）、阿兰·柏格（Alan Berger）和克莱尔·李斯特 （Clare Lyster）的学术研究表明，这仍然是当代城市理论中一个十分有意义的话题。[18]

在这些场所中，最突出的例子是接受、重新定位和把握当代消费文化潮流的港口。从福特主义大众消费品制度到后福特主义弹性积累制度的过渡见证了港口工业的飞速发展，这也使得许多历史港口成为空地。这一转型还揭示了一种全新的城市化形式，每个转变都对景观媒介产生了不同的影响。

1956 年，恰逢在哈佛大学提出“城市设计”的首次会议上，提出了与物流相关的新空间秩序的两个基本组成部分。第一个是美国的州际和民防公路系统。第二个是标准化的运输集装箱。[19] 这种集装箱在 1956 年第一次离开纽约 / 新泽西港务局运往巴拿马运河，由北卡罗来纳州卡车司机和航运创新者马尔科姆·珀塞尔麦克莱恩（Malcom Purcell McLean）发明，他认为，这种单一的集装箱容器可以便捷地在各种模式之间转移，从船到火车，从火车到卡车，或从船到船。这是 20 世纪下半叶航运业最重要的革新技术之一。码头工人和装卸工人劳累的工作，所谓开舱卸货的转运方法被一种国际标准化的转运方式替代，即用起重机只花一点时间就能把货物从一艘船上搬到拖拉机挂车上。这节省了大量时间并降低了费用，同时提高了将货物从货船转移到港口码头、仓库、特定列车厢或卡车上的效率。[20]

作为过去港口作业模式的代替品，麦克莱恩的新集装箱或多或少提供了点对点无缝连接的可能性，而且不受模式限制。这种创新极大地刺激了港口运营，使得产量增加，成本降低，大大减少了国际航运所需的时间。这种便捷的新发明打开了进军国外的国际消费品市场，并降低了货物进入市场的磨损成本，还使得货物的识别和安全保障变得简单，减少了偷盗，并最终改变了港口运输行业；同时，它对港口的规模、组织和空间性产生了同样深远的影响，有效地促进了东西海岸超大港口数量的增加。[21] 加利福尼亚州的杉洛矶港 / 长滩港是这种趋势的代表（图 4.1）。这个超级港口包括在 1994 年成立的码头自由贸易区（FTZ）。洛杉矶 / 长滩自由贸易区占地约 1093 公顷，包括与全球分销和航运业务匹配的仓储设施，而美国的 50 个州有超过 230 个这样的自由贸易区。

此外，集装箱还显著加速了州际货运业务的增长，作为连接东西海岸海港与内陆市场和资源的主要手段，也提高了船运的效率，并扩大了规模。新经济体通过使用标准化集装箱来为国际航运服务，这导致美国开发了由私有国际机场提供服务的新内陆港口，通常处于自由贸易区内的新工业园区。德克萨斯的阿莱恩斯就是很好的例子（图 4.2），沃斯堡联盟机场（Fort Worth Alliance Airport）占地约 4694 公顷，总体规划成一个国际贸易和物流综合体，以应对新模式、全球化、灵活的制造和分销的需求。它是一个 100％的工业化机场，包括多式联运枢纽设施、三库免税自由港和自由贸易区。这种新的内陆机场和物流运行设施在北美自由贸易协定（NAFTA）框架下促进了北美自由贸易航线的发展，同时在连接边境城镇工业网络的发展中发挥了重要作用，例如，在德克萨斯州和加利福尼亚州的美国 – 墨西哥边界一带。除了造成不计其数的码头工人失业，集装箱业务加速了许多老旧或小型港口的消亡，因为在新系统下这些港口显得效率低下、运输不便，甚至没有存在的必要。这种情况对于传统城市和滨水区的港口码头尤其明显，它

图 4.1 艾伦 · 伯格，洛杉矶港 / 长滩港，长滩，加利福尼亚，航拍图，2003 年

图 4.2 艾伦 · 伯格， 阿莱恩斯机场和自由贸易区，阿莱恩斯，德克萨斯州，航拍图，2003 年

们在新时代背景下缺乏必要的扩张空间。同样，集装箱业务也加速淘汰了缺乏大量资本投资新设备的港口，使得人口早已疏散的城市的港口逐渐衰败。

为了应对新的船运业务导致港口过剩的状况，许多旧港口重新走向国际化。在一系列方法中，景观设计师所从事的具体工作非常有意义。就在十年之前，场地事务所在深圳前海港口国际设计竞赛中获胜，该港口处于一个为一百万居民提供居所的新城中心，地块名为“深圳新港”（图 4.3、图 4.4）。在阿姆斯特丹港口，Palmbout 城市景观事务所做的 Frits Palmboom 和 Jaap van den Bout 城市总体规划（图 4.5、图 4.6）与阿德里安・高伊策 / West 8 景观设计事务所设计的作为东部港湾住宅区的博尼奥（Borneo）和斯波伦堡（Sporenburg）码头的发展密不可分（图 4.7）。[22] West 8 景观设计事务所设计的博尼奥和斯波伦堡项目是当代景观都市主义实践的典型范例，景观设计师的工作涉及生态功能和建筑形式。在荷兰的规划传统中景观设计师经常扮演引导角色，因此这不足为奇。在某种程度上，West 8 景观设计事务所在阿姆斯特丹港口的研究为其在十年后重塑多伦多中心水岸项目奠定了基础。

正如上一章所述，消灭过剩的港口是国际上景观都市主义实践逐渐成熟的关键。景观都市主义实践从西欧的一系列典型项目开始，已在北美和东亚通过海滨重建项目得以体现，由景观设计师负责街区结构、建筑立面和当代城市建筑整体形象。这些因素对航运、港口，尤其是对五大湖地区城市产生了巨大影响。历史上，航运经过圣劳伦斯河（Saint Lawrence River）“长途跋涉”，穿越五大湖和圣劳伦斯航道复杂的船闸系统，最终从北大西洋进入大陆内部，这显然增加了国际航运的路程。因此，在许多方面，集装箱运输或超大集装箱船的新时代加速了该地区港口的过剩。在传统开仓装卸的运作模式中，航行的附加长度通过许多货物在目标市场或附近卸货和仓储而得以弥补。在标准化集装箱运输的新时代，直接将东海岸港口的集装箱转移到火车或卡车再运输到内陆目的地，这种方式更加快捷高效。使用一两个起重

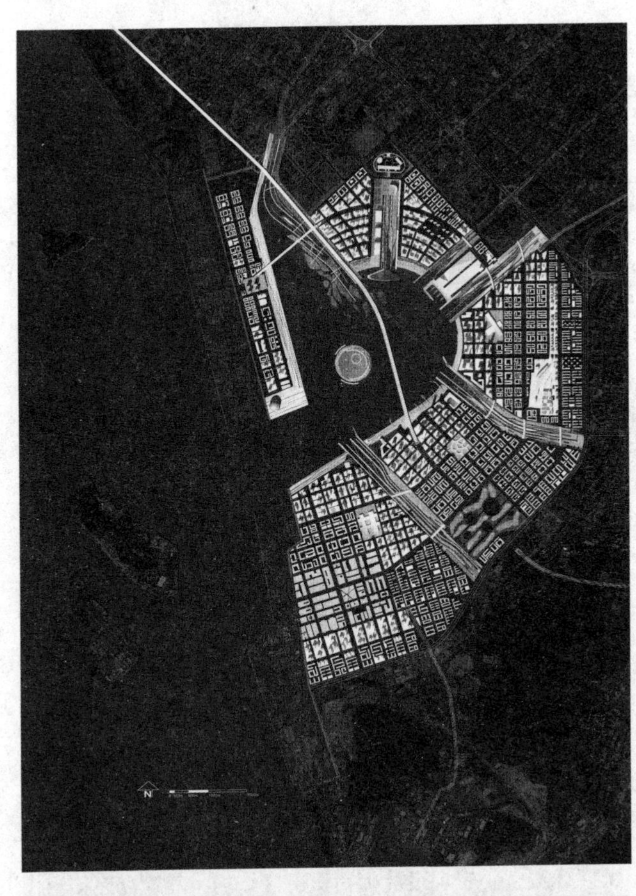

图 4.3 詹姆斯 · 科纳 / 场地运作景观设计事务所，前海水城，深圳，场地平面，2010 年

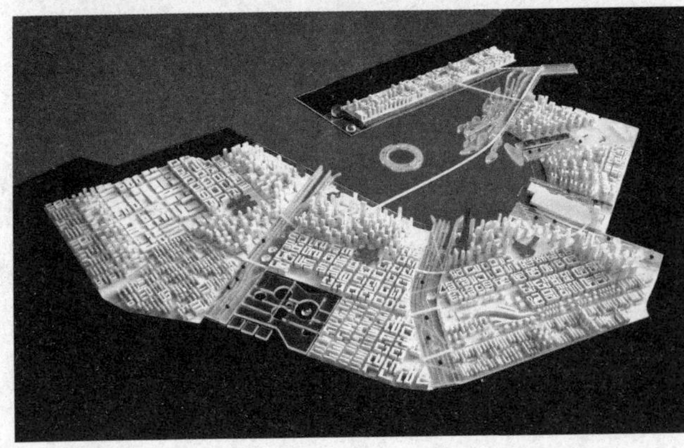

图 4.4 詹姆斯 · 科纳 / 场地运作景观设计事务所，前海水城，深圳，模型，2010 年

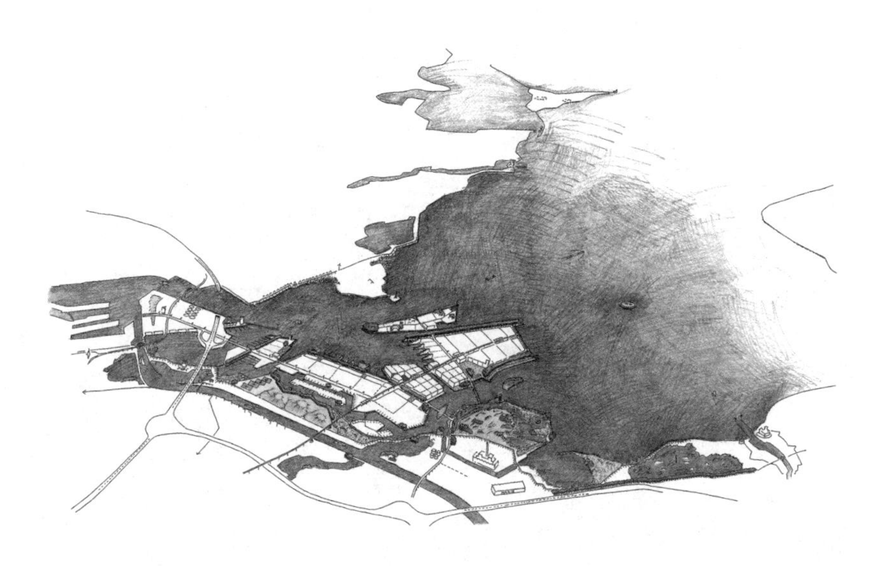

图 4.5 Frits Palmboom / Palmbout 城市景观事务所，艾瑟尔堡，阿姆斯特丹，概念图，1995 年

图 4.6 Frits Palmboom / Palmbout 城市景观事务所，艾瑟尔堡，阿姆斯特丹，模型图，1995 年

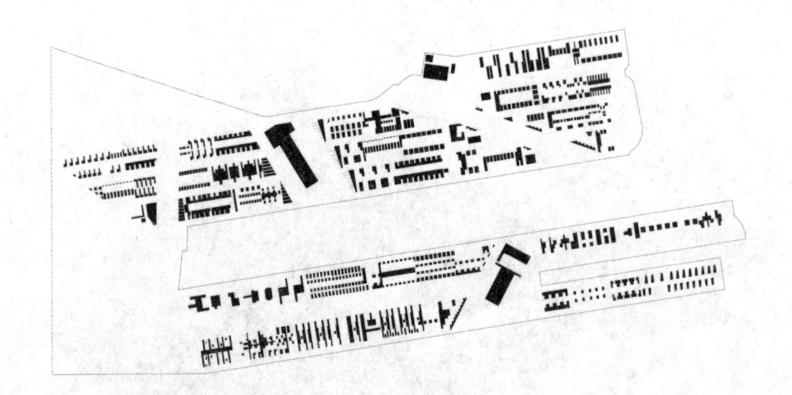

图 4.7 阿德里安·高伊策 / West 8 景观设计事务所，博尼奥和斯波伦堡，阿姆斯特丹港，图底关系图解，1993 至 1996 年

机就能完成从船到火车或卡车转移货物的操作，但规模更大的港口，同时使得卡车和火车进入远离传统城市中心而日益分散的市场。联运场地也需要必要的完善，用于将集装箱从一种运输模式有序转换成另一种运输模式，例如，在火车和卡车之间的转换。这种联运货运和物流设施的新模式在美国面积最大的城乡接合部依稀可见，包括伊利诺伊州的新罗谢尔和德克萨斯州的中洛锡安郡等地。位于德克萨斯州的中洛锡安郡联运港作为一个多式联运物流基础设施，可以实现火车 – 卡车的联运，还拥有一座自己的电厂。

哈维描述的当代后工业经济制度及其附带的基础设施和承载的新型社会关系也在建筑环境中表现为基础设施和物流景观。这些物流区域虽然尚不能作为一种城市形态，但却为当代城市发展的经济建设奠定了基础。[23]

在后福特主义经济时代，景观在解决由于离岸生产而遗留的旧工业棕地和闲置空地具有特殊的作用。后工业化棕地的重置和资本持续的流动“培育”了新的潜能和经济形式。虽然在当代景观中，这个问题还没有受到重点关注，但它对于明确工业经济与城市形态的关系非常有帮助。从这个角度而言，物流景观可能对被遗弃的后工业棕地的重置大有裨益。两者都是全球经济重组的结果，同时，作为景观形式，比作为城市或建筑形式更加合情合理。一些理论家提出，在难以区分的“通俗”（generic）城市景观时代，这些当代经济网络及其基础设施能够为空间形式提供象征意义。[24] 在公共性方面，基础设施网络在供给和消费、利用和忽视、浪费和节约、日常规模和巨大的区域经验之间建立了联系。这些场所尽管是通用和可重复的，但却并非可有可无的空地或毫无价值的空间，而是最多产、高效和最具特异性的空间。作为新的物流经济空间，这些景观正在被设计并建造，其并非经济发展的副产品或被前人忽略的残余物，而是城市空间中最具设计和优化价值的一部分。

基础设施和物流空间展示和激发城市活动的潜能已经在一系列项目中被挖掘出来，在 20 世纪初宣告了景观都市主义实践的出现。阿德里安・高伊策 / West 8 景观设计事务所与 1991 年设计的鹿特丹的舒乌伯格（Schouwburgplein）广场（剧院广场），把城市看作全球航运中心，将剧院区的一个落后区域改造成一个高度程式化的城市表面。在舒乌伯格广场，可操作交互式照明塔令人联想起港口巨大的海运起重机，而广场加厚的二维表面设计使一系列公共活动得以在位于地下停车场上方的甲板上开展（图 4.8 至图 4.10）。

正如前文所述，斯坦・艾伦对于厚实的程式化表面的兴趣在 1996 年巴塞罗那物流活动区的方案中表现得十分明显（图 4.11）。在这个项目中，艾伦为了改造由于航运规模增加而变得过剩的旧港口，借鉴了景观生态学的概念和图解，特别是理查德・福尔曼（Richard Forman）提出的斑块、廊道、基质和镶嵌理论。艾伦的方案实现了屈米对事件的关注与福尔曼的生态结构图解二者不可能的交融。另一个类似项目是詹姆斯・科纳于 1996 年所作的格林港（Greenport）复兴方案（图 4.12）。该方案在竞赛中获胜，但最终未能实现。科纳将一个旧渔村废弃港口设想为一个娱乐场所，容纳各种事件和活动。最终，正如第七章所述，安德里亚・布兰兹在埃因霍温 Strijp Philips 区的总体规划（1999 至 2000 年）中对加厚位于普通重复基

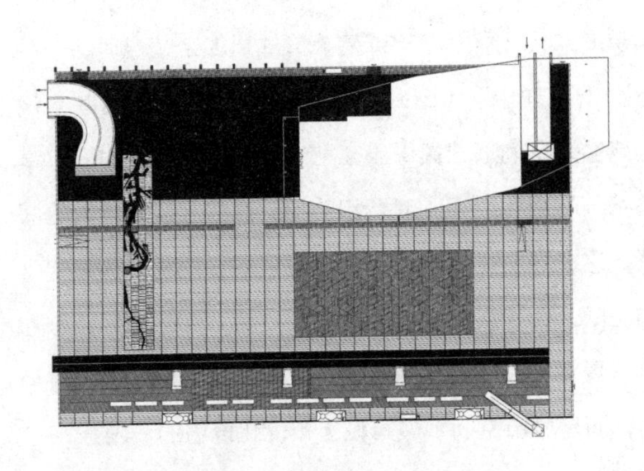

图 4.8 阿德裡安 · 高伊策 / West 8 景观设计事务所，舒乌伯格广场，鹿特丹，平面图，1991 至 1996 年

图 4.9 阿 德 裡 安 · 高 伊 策 / West 8 景观设计事务所，舒乌伯格广场，鹿特丹，轴测分层分析图，1991 至 1996 年

图 4.10 阿德裡安 · 高伊策 / West 8 景观设计事务所，舒乌伯格广场，鹿特丹，鸟瞰图，1991 至 1996 年

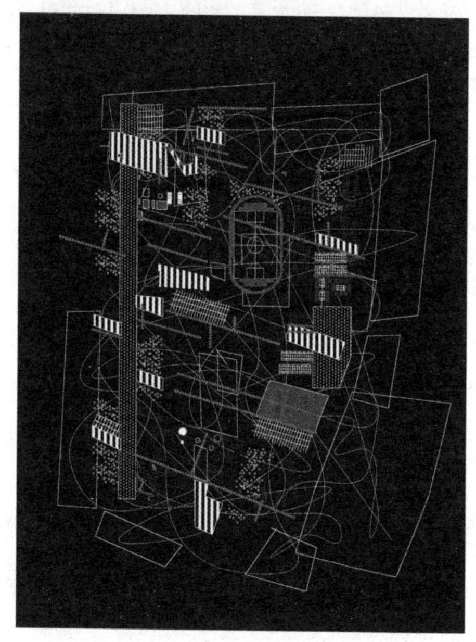

图 4.11 斯坦 · 艾伦，物流活动区，巴萨罗那，平面图解，1996 年

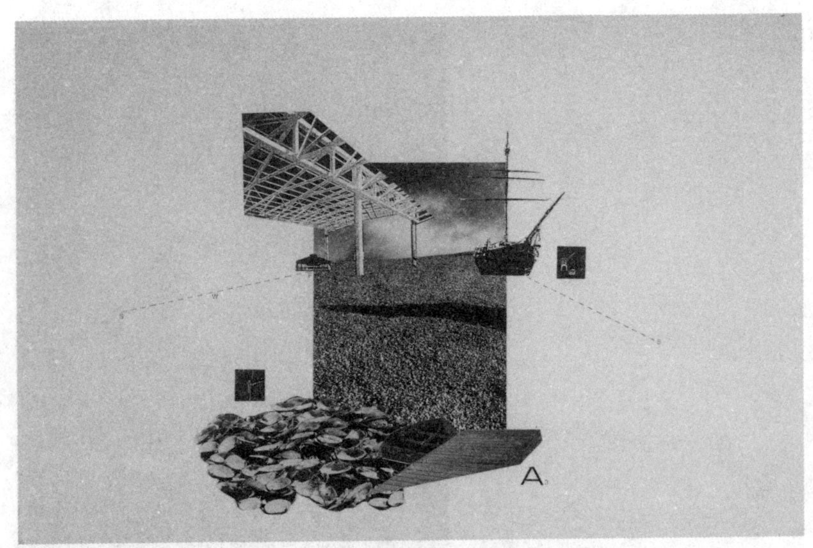

图 4.12 詹姆斯 · 科纳，格林港水岸，长岛，纽约，概念拼贴图，1996 年

础设施序列之下的景观二维表面产生了相似兴趣。设计理念来源于物流景观的当代逻辑，并从其源头衍生出“新经济领域”的后乌托邦形象（图 4.13 至图 4.15）。[25]

作为一种暂时性的框架，物流景观可以分为三个类别：分销和交付，消费和便利，以及存储和处置。正如本书各章节所述，每个类别包括一系列景观类型（并非详尽无遗，有些只是稍有提及）。当然，众多案例对每个具体的物流机制和相应的景观类型都进行了初步介绍，并为未来的研究提供了多个思路。

分销和交付是指新经济形式中供应链的基本功能、基础设施和意识形态，是新经济形式最初、最普遍的一种物质活动。与国际联合运输网络和通信基础设施接轨，使其成为新经济形式的核心内容。[26] 随着国际航空和手机网络在以前凯恩斯福利国家的控制系统解除管制后迅速发展，港口和电信网络在

图4.13 安德里亚·布兰兹，拉波·拉尼，埃内斯托 ·博特里尼，Strijp Philips区总体规划，埃因霍温，模型1，1999至2000年

图4.14 安德里亚·布兰兹，拉波·拉尼，埃内斯托·博特里尼，Strijp Philips区总体规划，埃因霍温，模型2，1999至2000年

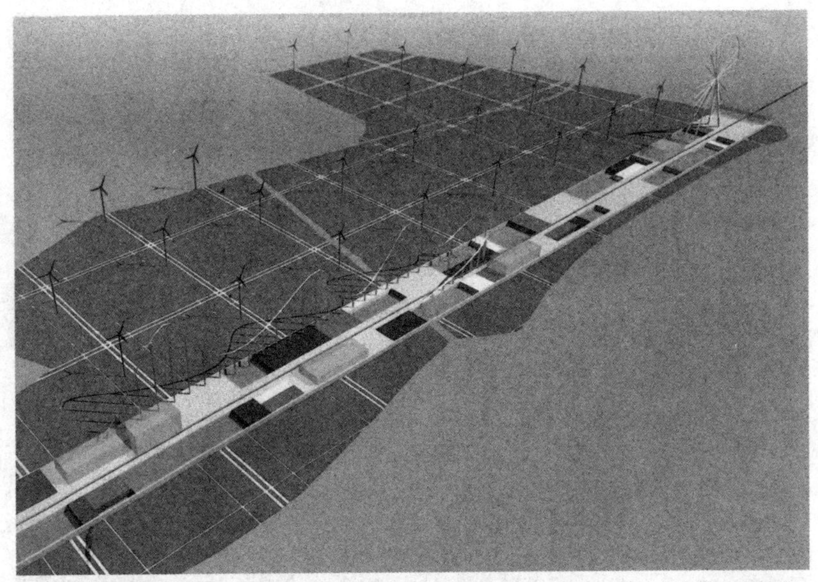

图4.15 安德里亚·布兰兹，拉波·拉尼，埃内斯托·博特里尼，Strijp Philips 区总体规划，埃因霍温，鸟瞰图，1999 至 2000 年

这个新型组织中占有优势地位。在放松管制之后，欣欣向荣的国际航空和手机网络成为后福特主义经济中物流和分销的基本交通和通信网络。

全球分销系统的速度与稳定性促成了一个更大规模的生活用品销售经济体，遍布各地的大型零售店就是一个很好的佐证。相比零售店的规模与外形，庞大的通信与操控数字基础设施更加重要，对零售店的生存与发展具有促进与保障的作用。戴尔电脑公司与联合包裹服务公司（United Parcel Service，UPS）的共生伙伴关系是此类系统中最为明显的一种。戴尔电脑公司与联合包裹服务公司拥有一套完整的集成运营体系，可以高效地将电脑零件从供应商及时地运往戴尔的电脑组装工厂。然后，成品依据客户订单中的各种部件汇集到一起，由联合包裹服务公司进行派送。通常，联合包裹服务公司会在主要市场附近的自营仓库中存放一个所谓的“监控系统”，与即将交付的计算机联系在一起。将材料和库存纳入供应链，缩短了等待和生产的时间，降低了成本，并将大量仓储功能有效地分解到配送链本身和公共基础设施之上。这与当今社会的做法相似，即将生产成本及其附加物予以重新定义，进而形成一种能够分担给消费者、供应商、战略伙伴和公共部门的“外部效应”（externalities）。基于此，一方面，交通基础设施领域中的公共投资需求迅速增加；另一方面，公司将与其建筑和地面相关的成本从固定资产转为年运营开销。这种转变，旨在挖掘间接成本道德“外部效应”，进而使先前有价值的建筑物和土地变成半支配的性质。很显然，半支配性质的建筑物和土地只需要投入较少的建设资本，因为其仅作为可以随时抹去和放弃的年度开销。此外，这种做法对于减少建筑物和土地的设计服务投资也具有重要意义。沃尔玛（Wal-Mart）和家得宝（Home Depot）在此方面堪称典范，并已成为新的后都市化消费景观的基本组成部分。虽然大多数评论认为这种形式的发展是混乱、无序甚至无计划的，但这些空间却经过精心设计，并且不断围绕资本和物资组织的变化进行重构。

消费和便利象征着零售都市主义的便捷丰富和廉价的卡路里以及形成的快餐服务文化。零售业的发展取决于在自然环境中大量不可见的异地资源开采、获取和阶段性开发等活动。频繁的异地开发活动为消费品能快速出现在供应链中提供了“储备资源 ”（standing reserve）。环境的便利是促使产品的生产过程不断加快，且产品本身便宜可靠。《经济学人》杂志（*The Economist*）已开发了自己的“大麦克指数”（Big Mac Index），作为全球的生活成本指数，“大麦克”力求成为一种每个人随时随地都能使用的全球性商品，而在各个市场中快餐零售消费行业的价格差异是总体生活成本差异的一个重要指标。[27]

组织自然资源来实现便利的物流景观本身是围绕交通基础设施进行建设，如运输牛肉的高速公路，而广阔的草原饲养正在成长的食用牛。虽然食用牛可能一开始生活在美国，但它们将不可避免地通过卡车和火车汇集到俄克拉荷马州、内布拉斯加州、堪萨斯州和爱荷华州平原中心的巨大饲养场。爱荷华州以玉米为基础的农业经济是原生态过程工业化的一个典型案例。表面上，它将太阳光转化为糖的固碳经济，实际上却是一种石油经济，经济规模完全依赖于不可持续的农业实践。讽刺的是，最近，迈克尔·波兰（Michael Pollan）提出了一个难题：越来越多的人选择有机食品，但这些食物来自遥远的地方，历经长途运输，并对环境产生负面影响，其实这些食物本身并非有机，除非是本地种植。[28]

无论麦当劳还是全食超市，所有全球食品供应链的零售线以及各种农产品生产和预处理汇集的地点都可以被看成是一种投机性的房地产投资。因此，房地产投资取决于其商品的普遍可用性和其对周边区域的带动作用使周边区域呈带状发展。麦当劳在新开发地块中的空间组织、有机食品到零售店的分配以及零售空间本身作为房产投资信托基金（REIT）的投机性房产投资项目都充分体现了这一点。

存储和处置是指消费品的分段运输、存储和处置，这些过程日益短暂。消费品构成了本章描述的物流网络的大部分内容，就像快餐，始于原材料，然后通过工业化生产扩散到全国各地。软木材采伐和树木再植是必要的农业生产活动，以满足居住者对原材料的大量需求。房屋建造工厂、森林农场管理和用于建造社区的土地之间相互交织的网络表明，这种经济模式依赖于便利的物流和分销这一系统。

当今，房屋不断扩张，消费不断增加，导致自存储设施无处不在。以一种即兴购买的旧形式洗涤人过多的财富，眼前高收益的“鬼城”占据了各个主要市场的边缘，可为低风险开发有效地节约成本，将房地产投资信托基金用于购买土地和维护设施，同时等待新的城市化区域带动土地价值不断增长。这些设施集中于同样便利的区域交通基础设施和低成本土地，并带动零售商场、麦当劳、家得宝和沃尔玛的发展。同时，公共高速公路也带来了消费品和消费者。由此，产品从生产者到消费者的运输成本大大降低，因为越来越多的美国人花更多的时间来到区域性的大超市。当然，食物链的末端同样重要，即处置消费者的废弃物。垃圾数量不断增加，源头距城市居民区越来越远，废弃物需要运到更远的填埋场、焚烧场或其他垃圾场，最终，处置垃圾的时间越来越长。这表明，原材料、消费品和消费者均愈发依赖于分销和通信网络。

虽然投机性资本、私人利益和个人选择塑造了大部分景观及其物流系统，但无论如何，景观所营造的环境已是当代北美城市的一部分。在最近关于“全球城市化”（planetary urbanization）的讨论中，物流景观在全球范围内也可以得到证实，在空间和经济层面，了解其所采用形式的原因，预见其首要需求，理解其看似无意的高度理性，进而认同其深层次的文化。此外，物流基础设施凸显了景观在先进资本文化背景中发挥的作用。这个话题将在下一章中继续阐述，特别强调城市在遭到废弃、人口减少和衰退之后，与景观共同作为一种文化类型时的起源关联性。

篇章总图 格雷戈里·克鲁森，无标题系列（14）“圣殿”，照片，2000年

第五章 城市危机和景观起源

西方景观本身就是现代缺失的一种表现，一种人类与自然的原始关系被都市生活、商业和科技所打断之后所形成的文化形式。

—— 克里斯多弗·伍德（Christopher Wood），1993 年

景观是一种介质，与特定经济秩序下空间表现形式的转变有着结构性的关联。景观都市主义实践与文化力量的自主表达和文化品位的风格问题不同，它的提出直接回应了城市化进程中产业经济结构的转变。在明确体现这种关联的案例中，景观作为一种设计媒介，出现在与信息化社会和收缩城市相关的环境危机的背景之下。

20 世纪初，景观都市主义宣言被首次提出之时，正值至少 70 个美国城市的中心区面临被废弃、减少投资、日益衰退的危险。这种情况范围之广、规模之大向当代城市人文学科和相关设计学科提出了一些亟待解决的根本性问题。[1] 必然性增长的极限暗示了在城市相关学科中也必然会出现学科间相互关系的问题。增长极限提出了一些关于历史的形成以及当前建筑、城市设计和规划的责任与义务等基础性问题。设计学科的起源和认识论也揭露了意识形态在增长、扩张、持续发展模式中发挥的作用。然而，设计学科的职业身份已被束缚在这种依赖于持续增长的意识形态之中，而建筑作为最早的城市人文学科在其中起到极为重要的作用。这种将建筑作为都市主义先驱的专业倾向产生了一个理论上的盲点，城市缩小、败落或者消亡时建筑的建构变得无能为力，并失去意义。

法国哲学家米歇尔·德塞都（Michel de Certeau）曾经提到这个理论盲点，将其描述为一种专业构建无法表达其作用范围之外的情况。《日常生活实践》（*The Practice of Everyday Life*）一书的“无法名状”（*The Unnamable*）章节中，德塞都提到医疗专业无法超越研究对象进行思考：“垂死之人超出可以思考的范畴，还能做什么呢？毫无治愈的可能性，进入一个毫无意义的区域。”[2]

当建筑学科面对城市废弃、减少投资和日益衰退却无法提供一种有用的构架进行描述或干预之时，这种专业构建就显得毫无意义。过去十年间，这种对增长尽头想象的无力导致在与城市相关的设计学科中引发了一系列替代性或批判性的讨论。其中，所谓当代收缩城市的话题，出现得十分及时且有意义。[3]有关“已往城市”的最新构想是为了更进一步讨论伴随当代北美城市问题而产生的一系列关于学科组成和文化环境的话题。在这一背景下，底特律已成为一个去中心化、分散化、衰败、濒临死亡的后工业城市的国际化案例。[4]

在20世纪下半叶，底特律这个曾经美国第四大城市减少了近一半人口(图5.1)。早在1920年亨利·福特决定将工厂搬迁到城市之外开始，作为汽车工业代名词的“汽车城”就开始了一个不断消解的过程。类似的情况几乎发生于北美所有的工业化城市，底特律则是战后美国从城市空间和社会环境体现这一趋势最明显的案例。

1990年8月，底特律城市规划委员会撰写了一份前所未有的报告。[5]报告毫不隐讳地提出放弃这片区域，这里曾经是美国最繁华的城市之一，而

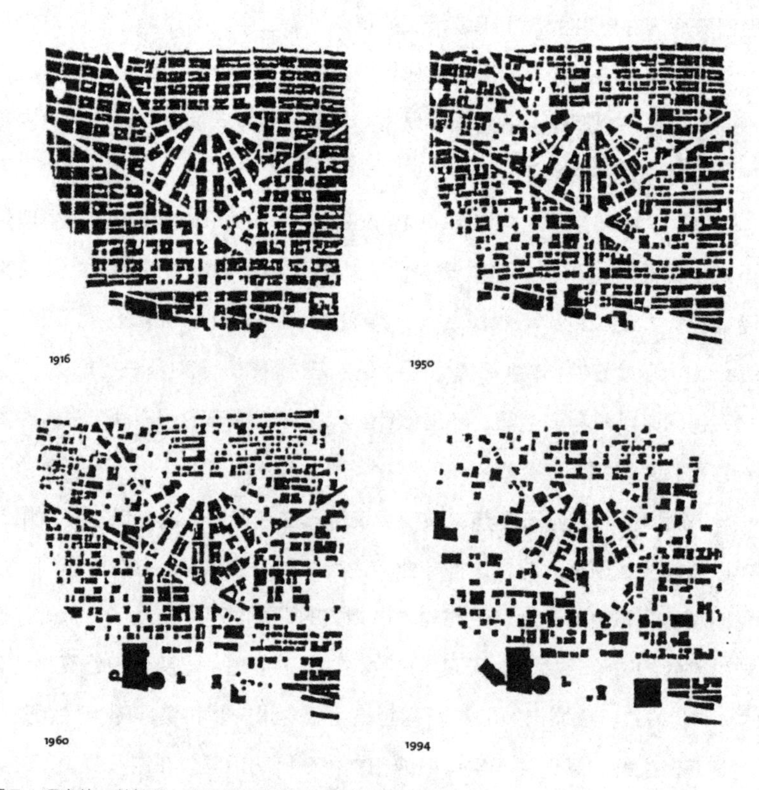

图 5.1 理查德 · 普拉兹，底特律图底关系平面分析，1996 年

现在却闲置下来。根据底特律空置土地调查显示，底特律的城市规划者记录了从 1950 年开始人口减少和投资缩减的过程。基于 1990 年城市规划委员会的建议，1993 年政府特派员，玛丽 · 法雷尔 · 唐纳森（Marie Farrell Donaldson）发表了一篇新闻稿，引发了公众热议。她公开呼吁，在这片城市中最为闲置的区域上，应该终止城市公共服务并重新安置剩余人口："这个城市的特派员一致提议关闭城市中最残破的区域。居民应该从这些正在死亡的区域搬离，前往仍有生机的地区继续生活。空置的屋子要拆除，空置的地区要隔离，以改造成景观或回归大自然"。[6]

最值得注意的是，1990 年底特律空置土地调查中提出后工业化不断疏散的过程一直延续到今天的现代工业化城市中，这一观点虽然实事求是，但迅速遭到了驳斥。同使，这份调查提出去城市化的实践已在进行中。值得注意的并非底特律空置土地的调查和关闭城市部分区域的不可能性，而是这份报告敢于向公众宣传这个城市已经“自我废弃”。在一张用黑色色块标记城区空余土地范围的图纸中，底特律的规划者描绘了一幅前所未有的去城市化的影像，并且这种影像已成为现实（图 5.2）。

最后一个问题是：在这一危机时期，城市的拆除是否会取代传统政策中的主要市政工程？如果是这样，衰退（经济、工业）的本质和战争的本质则

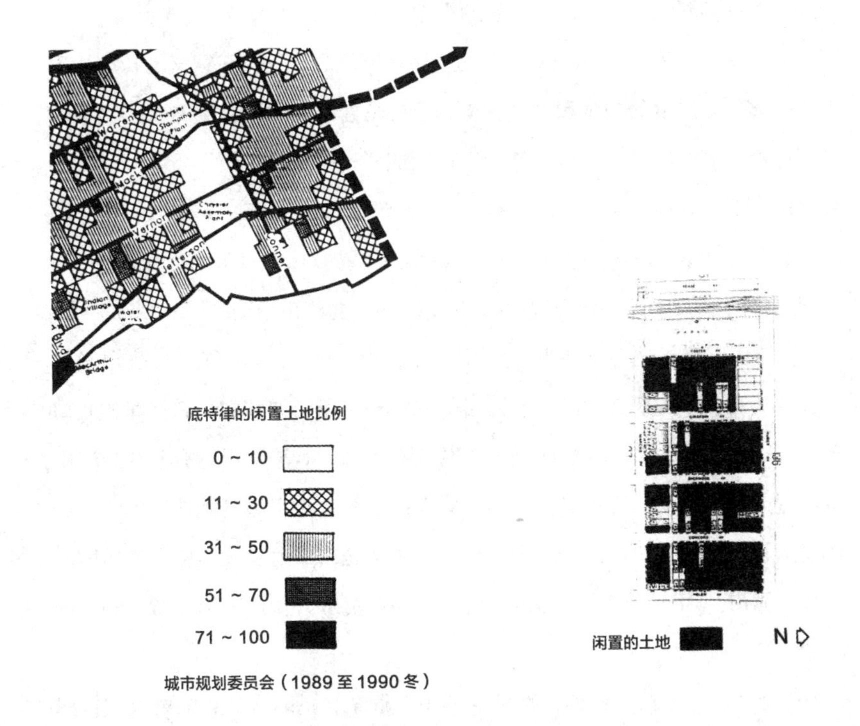

图 5.2 关于城市空置地的调查与建议，底特律，底特律规划委员会，1990 年 8 月 24 日

无法区分。[7]20 世纪 90 年代，由于“魔鬼夜晚”的破坏行为，底特律每年都因纵火而失去将近 1% 的住房。在公开场合，城市行政部门异乎寻常的对城市快速恶化的社会环境进行直接和具体的批评。然而，同时，该市正在实施一项美国城市化历史上最大、最彻底的清除工程，放任纵火犯的非法企图。这项工程在很大程度上得到了城市的房地产、商业和市民组织的支持，持续了整个 20 世纪 90 年代。令人惊讶的是，工程默许以剥夺权利和财产利益的方式对城市的问题进行公开指责，并提供一个合法并且经济的框架来进行持续的城市拆除。通过这种未经许可的放火以及随之而来的合法拆除，底特律大部分区域被拆除。这两种类型的活动虽然彼此并不承认对方的合法性，却产生了共同的影响——向公众展示动荡不安的社会，同时政府机构也借此清除底特律在不断消亡的过程中产生的视觉残余。

对建筑行业而言，底特律在 20 世纪 90 年代进入一种无意义的状态，不再需要增长和发展的技术和方法，但这恰好是建筑学科的主要方式。当不再需要这些工具时，底特律对建筑师而言变成了一个“非场所”，如同尸体对外科医生而言并非手术的对象一样。作为衰退的城市本身，它进入一种无法被建筑和设计学科思考的状态。正如丹·霍夫曼（Dan Hoffman）所说：“20 世纪 90 年代初，拆除超越建设，成为城市的主要建设活动。”（图 5.3）[8]

尽管经历了长达十年城市“复兴”的尝试，剧院、运动馆、赌场以及其他公共资助、私人所有和以营利为目的的娱乐场所相继建立，底特律的人口还在持续流失，建筑还在持续减少（图 5.4）。2000 年，尽管有联邦政府出资进行大规模的人口普查宣传，同时由人口普查者小组进行调查，但结果仍然显示底特律的人口在持续减少。最近，这个城市成为美国历史上宣布破产的最大城市。因此，底特律提供了一个在高级资本大背景下当代城市的最佳案例。

反思“已往城市”作为一种独特的思考框架，提醒人们，需要充实针对这些场地和问题的模型、案例、理论和实践。同时，这一话题还揭示了一个

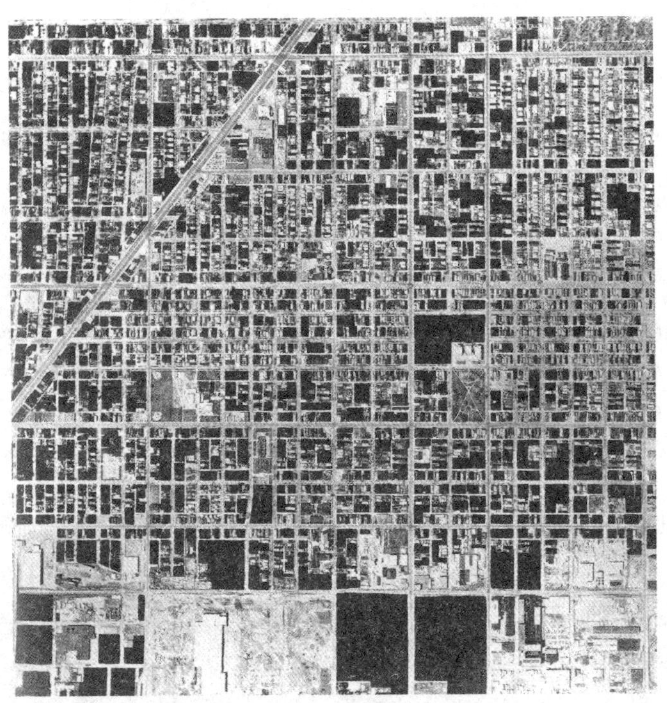

图 5.3 丹 · 霍夫曼，底特律拆除工程，1991 年

图 5.4 亚历克斯 · 麦克莱恩，布拉什公园，底特律，鸟瞰图，约 1990 年

隐藏在背后的需求，即对多学科和多专业进行整合。在这些专业中，建筑主要为传统城市建造街区单元，已无力应对接踵而至的密度降低、社会冲突、水平化增长、城市事件扩散以及随着传统城市消失带来的建筑肌理的衰减和退化。建筑肌理、街墙、传统公共空间这些城市秩序的主要视觉因素消逝之时，景观表现出修复某些空间形式和社会秩序的独特能力。基于此，对许多学科来说，景观成为一种适合对已往城市进行描述和干预的独一无二的媒介。景观最初的起源提供了一种文化背景和设计媒介，同时适用于自然演替、耕作、现状描述和新的干预。从这个角度而言，近年来，景观为解决“已往城市”问题提供了一个新的学科框架。

长期以来，景观作为一种文化的形式，与欧洲西部两个最为城市化、人口稠密、经济发展的地区同时出现。[9] 景观被定义为一种城市文化的建构，必然依赖于复杂的劳动分工和成熟的文化生产、消费市场。景观在西方的出现最初被认为是绘画形式和戏剧艺术的一个类别，接着是一种观察的方式或主体性的模式，然后才与建筑或自然环境的物理干预产生关联。

尽管哪一幅画作可以作为第一幅景观画一直存在激烈的争论，但第一个关于景观的记叙无疑是一份 1521 年的包含弗兰德人画作的威尼斯收藏品记录。[10] 风景画作为一种高度进化的商业经济产物，出现在意大利文艺复兴的背景下，比第一次出现在英国早一个世纪，是一种专注于精心刻画绘画背景的装饰作品。如此一来，风景画表现出不同画家的艺术能力、精湛的技艺和独特之处。对画作背景的细致刻画成为证明一个特定艺术家的证据，同时也成为绘画作为商品获得自身价值以及提高交换价值的重要前提。[11]

景观最初的源起也受到人口减少、城市废弃和原有城市化土地衰退的影响，并与之密切相关。景观和城市衰退的关系并非最近出现的小范围、边缘化的话题，而是有着悠久的历史，与景观作为一种西方文化形式的起源有着直接关联。在全球持续性城市和经济重建的背景中，这种对于景观历史的再读可能对“景观作为一种城市秩序的媒介”的争论进行重新定位。

J·B·杰克逊（J·B · Jackson）在经典文章《词语本身》（*The Word Itself*）中，描述了“景观”一词的英语词源。杰克逊发现景观是“一瞥之间就可领悟的那部分土地”；实际上，它第一次被引入英语时指代的并非风景本身，而是风景绘画。[12]《牛津英文字典》中一种17世纪早期对于景观的解释印证了杰克逊的观点，景观作为“代表自然陆地景色的图画，有别于海洋的图画和肖像画等。”在一个世纪之后的1725年，景观的第二次定义还未产生之前，景观成为一种“自然陆地风光的图画，就好像从某一个视角看出去的景色；一幅乡村风景画。”[13]在这一系列事件中，景观首先作为一种绘画的形式出现，但仅仅一个世纪之后，就用来指代一种与绘画中的风景相类似的景色。通过这种解释，景观成为一种观看的方式或一种受到绘画作品生产和消费影响的主体性模式。只有通过追溯起源，才能在英语中将景观一词与土地本身、特殊的观察方式以及最终在地面上做什么联系在一起。

在16世纪初，景观作为一种从欧洲大陆引进的绘画形式。在17世纪，景观从一种绘画形式和戏剧装饰转变成一种观察世界的方式或一种与游览有关的主体性思维方式。在18世纪，景观表示用特定的方式观察到的土地。在19世纪，景观描述了一种对土地进行重新设计的活动，目的在于让土地看起来就像一幅画。从景观英语含义演变的过程可以看到，景观在很大程度上是从对已往城市的描述中产生的。

在漫长的城市文化史中，罗马堪称西方城市的一个典型范例。虽然底特律和罗马都失去了超过百万的居民。底特律在仅仅五十多年间失去了超过50%的人口，而罗马在一千多年间损失了超过95%的人口。在这期间，许多古代都城以景观的方式被重新规划，在成为“以往城市”中可以耕作或自然演替的腹地之前就已经变成不受约束的荒野。曾经在帝王的统治下拥有百万人口的城市在随后的几个世纪中陷入严重的败落和衰退。在公元9世纪，再次进行人口普查时，罗马城市的人口已经缩减到不足公元 2 世纪巅峰时期的 5%。处于人口数量最低点时，这个首都几乎只相当于一个聚集在有可饮用水的台伯河岸旁的中世纪小村庄。正如霍华德·希巴德（Howard Hibbard）所述，中世纪和文艺复兴时期，罗马就像一个包裹在古老城墙里的萎缩的坚果。[14]

据 1551 年的《布法里尼地图》[*Bufalini Map*，由乔瓦尼·巴蒂斯塔诺利（Giovanni Battista Nolli）于 18 世纪再版] 显示，奥勒良墙包围的广阔的罗马领土已经变成一个古老废墟和农业土地并存的“已往城市”（图 5.5）。在炎热的夏季，精心耕种的葡萄园紧挨着废弃的纪念碑，挂满葡萄；在寒冷的冬季，狼群横穿梵蒂冈城墙去寻找食物。“disabitato”（意大利语，无人居住且荒凉的地方）是 14 世纪的常用术语，布法里尼描写这片领土时，其已成为一个特定地点的代名词，用来命名过去奥勒良墙内“已往城市”的领土。14 世纪用来形容废弃城市土地的意大利术语在时间上比 16 世纪罗马使用特定

图 5.5 李奥纳多 · 布法里尼，《罗马的植物》，1551 年，由乔瓦尼 · 巴蒂斯塔 · 诺利于 1748 年再版

的地名要早，这说明这里曾经有许多其他已往城市的土地被再次使用，成为意大利文艺复兴时期的文人庄园或政治工程，这也是经济和文化发展的必然结果。同样重要的是，奥勒良墙内被遗弃的罗马以往城市区域在千年来人口减少带来的各种状况中保存下来，随后出现了对这片场地特定的命名（以及伴随而来的概念框架）。最终，“disabitato”成为16世纪罗马城内特定地区的代名词，一个为教皇重新构建罗马城市规划服务的特定地点，就像16世纪朝圣的目的地和天主教的都城一样。[15]

理查德·克劳菲麦（Richard Krautheimer）在对中世纪的古罗马基督教进行经典阐述的《罗马：城市简介》（*Rome: Profile of a City*）一书中，将disabitato描述为一个存续很久且巨大的内陆农业腹地，直到1870年因为现代考古学的需要而剥去了以往的翠绿。“在人口聚集地和大宅邸以外，disabitato向北方、东方和南方扩展，一直延伸到奥勒良城墙，大部分的区域是田野、酒庄和牧场。”[16]

查尔斯·L.斯汀格（Charles L. Stinger）描述了他作为一位旅行者横穿罗马乡村地区进入古老城墙的经历：“一旦安全地进入这个永恒之城，15世纪中期旅行者看到的景象是一个与其旅途中所见乡村相差不多的城市区域。为了保护超过一百万人口而建的奥勒良城墙，仍然保卫着这座城市，但城市的大部分地区都变成了花园、葡萄园、果园，而且很大一部分区域只是任由植物生长或是荒废。”[17]

与罗马disabitato区域图像有关的证据有许多，并且在这一特定区域风景画发展之前就已存在。早在16世纪中期，马尔滕·万·海姆斯凯克（Maarten van Heemskerck）的素描就提供了罗马disabitato的图像，耶罗尼米斯·柯克（Hieronymus Cock）和其他人的作品也如此。16世纪末，随着反对天主教会的政治逐渐巩固和城市重建项目陆续进行，至少出现了四张描绘罗马城市地图（由Du Pérac-Lafrérly、Cartaro、Brambilla和Tempesta绘制），每一张都描绘了disabitato区域的范围和特点。[18]

这些素描、图片、地图所描绘的古罗马城市广场如同一个被菜园和牲畜入侵的地方，尽管教堂开展了城市卫生清理运动，但人口稀少的边缘地区依然保持荒芜的状态。在快速复兴的城市中心和已往城市荒芜的边缘地带之间，一些郊区别墅景观零星地点缀在朝圣区、农业用地、残存的基础设施和被石头占据的古老纪念碑间。正如约翰·迪克逊·亨特（John Dixon Hunt）所述："16世纪和17世纪的地图都显示，罗马是一个错综复杂的花园和耕作土地混合在一起的产物……法尔达（Falda）在1676年的《罗马地图》中描绘了花园中遍布的城市防御堡垒，以及古代澡堂和庙宇之间的开阔地区。旅行者在这个永恒之城看到的所有地方，包括城市花园、现代花园，都好像是这片大规模古典景观的一部分。"[19]

描述特定景观的术语disabitato在最初形成之时作为一个特殊的地名，具有并列、混合以及在耕种和自然演替中持续竞争的特点。花园、果园、葡萄园的培育可以描述为一种罗马乡村生活或农业环境中避暑之地的文化。在教皇西克斯特五世雄心勃勃的城市首都重建之后的一个世纪，1676年法尔达出版的《罗马的植物》（*Pianta di Roma*，图5.6）以及1683年出版的《罗马的花园》（*Li Giardini di Roma*）详细记录了巴洛克时期disabitato就已经变成修剪过的花园和经营化的农业景观。其中一个例子是法尔达所详细描述的帕尔马伯爵（Duke of Parma）对巴拉汀伯爵山（Palatine Hill）上的法尔纳斯庄园（Ort Farnesiani）所做的现代化改造。[20]总的来说，法尔达的地图和图版展示了17世纪disabitato区域的整体情况，即一个有别墅、大量私家花园且日渐增多的农业耕作区域的郊野。在诺利于1748年再版的《新罗马地图》（*Nuova Topografia di Roma*）中，葡萄园、果园、蔬菜园、苗圃和其他农业用地占据了disabitato区域的大量土地，并逐渐增多（图5.7、图5.8）。[21]

与这种耕作景观相反的是，disabitato区域的大部分仍处于一种自发的自然演替以及具有侵略性的异国植物品种与适应良好的当地物种动态相互作

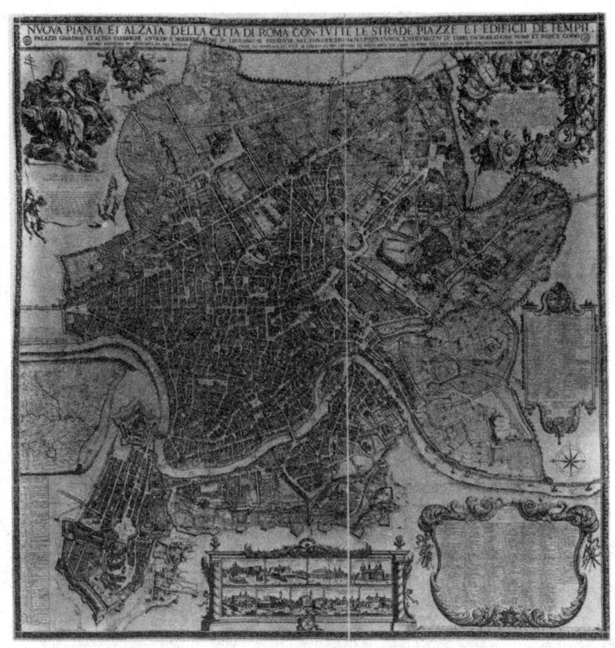

图 5.6 乔瓦尼 · 巴蒂斯塔 · 法尔达，《罗马的植物》，1676 年

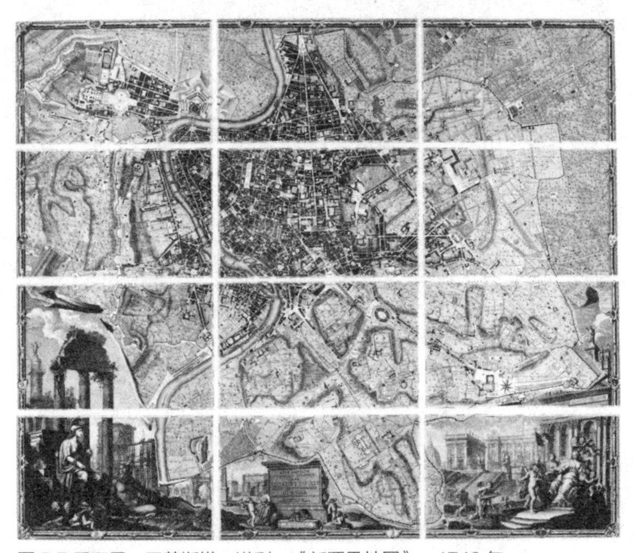

图 5.7 乔瓦尼 · 巴蒂斯塔 · 诺利，《新罗马地图》，1748 年

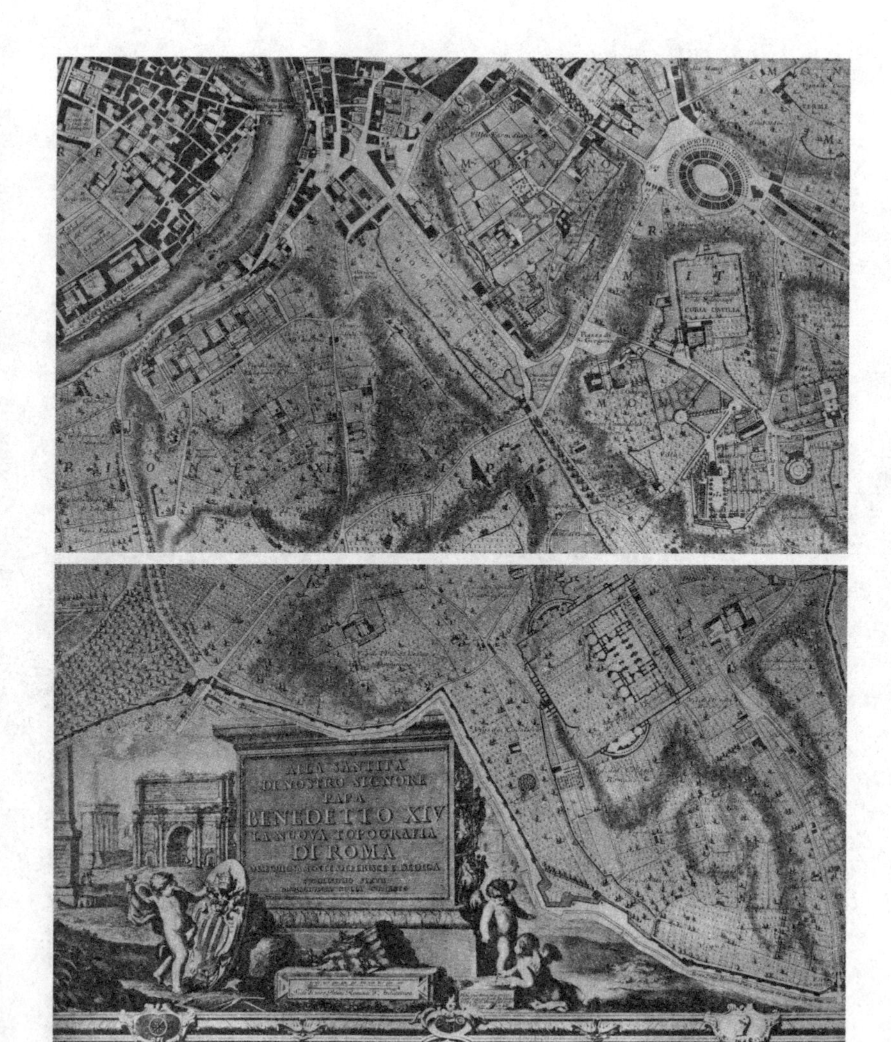

图 5.8 乔瓦尼·巴蒂斯塔·诺利，《新罗马地图》，细节图，1748 年

用的影响下，直到19世纪都保留完好。在1855年，英国植物学家理查德·迪肯记录了420种在罗马圆形大剧场废墟和周围自然生长的植物。在《罗马角斗场上的植物》（*Flora of the Colosseum of Rome*）一书中，他描述了五十多种草和几十种野花，并解释了多种外来物种存在的原因，这些物种借助顽强的繁殖力附着在动物皮毛上被携带来该地区参与到激烈的竞争中。[22]对许多18世纪和19世纪的英国旅行家而言，古典废墟中的自发和自适应的植物群落与栽培花园的并置体现了古典传统本身。对许多去过罗马旅行的人和更多不能去旅行但通过其他表现方式了解它的人来说，罗马disabitato的绘画作品影响了景观的文化建构。通常，这些画作由居住在此的法国画家所做，记录下这种栽培的花园与古典废墟上自然演替的不同植物的并置。术语"景观"的英文表述在1603年第一次提出，一年之后开始被出生于洛兰公国名叫克洛德的罗马景观画师大量应用。[23]

克洛德·洛兰的风景画构建了废弃和杂草丛生的古罗马视觉形象。在诞生于1620至1680年的一系列画作中，例如《罗马圆形竞技场废墟幻想曲》（*Caprice with Ruins of the Roman Forum*，约1634年），他提前建构了18世纪和19世纪英语语境中的景观。史学家理查德·兰德甚至认为，克洛德"彻底变革了西方传统绘画。克洛德在几乎完全在罗马度过的漫长职业生涯中，逐渐完善了一种直到19世纪都极具影响力的景观绘画形式"[24]

克洛德12岁时成为孤儿并去意大利当学徒，学习装饰设计和糕点制作。大约1627至1628年间，克洛德跟随罗马和那不勒斯的艺术家做学徒，期间完成了第一幅写生画，即《风景中的牛与农夫》（*Landscape with Cattle and Peasants*，1628年）。他早期的素描和油画都是根据在disabitato和罗马郊区写生之旅的所见所闻完成的。在17世纪30年代初，他住在罗马，距离移民艺术家居住区中的西班牙广场很近，随后进入圣卢卡学院学习，这里聚集了大批专业的意大利画家和雕塑家。1635年，他开始记录画过的每幅作品的细节，并将其作为画作由来的证明，并最终汇集成《真理之书》（*Liber Veritatis*）。

在17世纪30年代末，克洛德的客户主要是当时的政治领袖，有王子、国王、主教和教皇等。随后，他的声名鹊起，画作也被欧洲的国际收藏家所追捧，并获得委托。他去世时，许多作品被欧洲著名收藏家所收藏。他死后的一个世纪，英国收藏家收藏了大量他的风景画和素描，并将其中一部分捐赠给了公共机构，例如，现在大英博物馆所收藏的《真理之书》。

克洛德风景画中的创新源自对自然风景写生的练习（图5.9、图5.10）。克洛德提高了写生技法，展示了大型绘画中的空间场景并赋予植物细腻的材质和光感。这些在disabitato区域进行的主题研究帮助他在画室中完成更加精细的绘画，同时，采用的速写技巧为相同主题的雕刻和绘画提供参考。[25]克洛德居住于西班牙广场附近时，经常一日往返罗马disabitato区域和奥勒良城墙附近的乡村，参观附近的圣彼得大教堂、罗马竞技场、马西莫竞技场、

图5.9 克洛德·洛兰，《一位作画的艺术家及其周围注视他的人》，约1635至1640年

图 5.10 克洛德 · 洛兰，《帕拉蒂尼的风景》，约 1650 年

帕拉蒂尼山以及 disabitato 区域内可寻的古老遗迹，通常与其他艺术家以及一个武装护卫同行，沿着两条古老的通往罗马乡村地区的古道“Via Appia Antca”和“Via Tiburtna”散步。[26]

古罗马城市广场以及罗马废墟（Campo Vaccino）是克洛德最喜爱的一个去处，在 17 世纪 30 年代中期，他留下了许多与此相关的图像记录，以帮助其完成绘画，包括一种用棕色墨水与棕色笔刷画在纸上的素描，一种在白纸上蚀刻的绘画和一种用红色粉笔、棕色颜料以及棕色笔刷绘制的速写（图 5.11、图 5.12）。他非常擅长用铅笔、墨水和笔刷描绘线条、树的纹理以及其他细节——这些细节通常为未来在画室中完成的大量作品带来启示。克洛德约在 1638 年完成的《一棵橡树的研究》（*A Study of an Oak Tree*）（图 5.13）和《温加夫人别墅的树》（*Trees in the Vigna of the Villa Madama*）都表明，他是在现场作画。关于罗马 disabitato 区域的风景油

图 5.11 克洛德 · 洛兰，《凡西诺广场的风景》1，约 1636 年

图 5.12 克洛德 · 洛兰，《凡西诺广场的风景》2，约 1638 年

画为英国如画式的设计师提供了一个设计样本，但也有许多人仍然模仿他的素描。理查德・佩恩・奈特（Richard Payne Knight）作为一位如画式景观理论的拥护者，收藏了许多令人印象深刻的克洛德绘画，并在 1824 年捐赠给大英博物馆。克洛德的研究学者理查德・兰特描述了英国景观园林倡导者收藏其油画和素描的情况："将近 1200 幅现存的克洛德画作中，有 500 幅，包括《真理之书》，均为大英博物馆所有。这其中有托马斯・科尔（Thomas Cole）辉煌的收藏，他在 19 世纪 20 年代后期游览伦敦时，花了一天的时间在博物馆欣赏这些画作。这些捐赠可能比理查德・佩恩・奈特的遗产稍晚

图 5.13 克洛德·洛兰,《一棵橡树的研究》,约 1638 年

一点,而奈特一共捐赠了 261 幅克洛德的素描,展现了克洛德对大自然的大量研究。”[27]

对许多克洛德风景画的消费者来说,英国收藏品中的油画和素描促使其“长途跋涉”地参观古罗马遗址。同时,风景画也为众多英国旅行家前往 disabitato 区域及其周边的乡村提供了路线和主题。据杰米·布莱克(Jeremy Black)说,对许多参观者来说,英国绘画中不断变化且截然不同的视角与意大利绘画复杂的表现方式相互作用,意大利绘画受到以古典图像和主题为基础的古典教育和公共意识形态的深刻影响……这些对比和反差在有关于旅行经历和 18 世纪英国著名的文化产品——风景园林的讨论中不断被解释,甚至作为讨论的背景。[28]他认为,许多英国景观深受古罗马遗址唯美且古典风格的影响,甚至对其直接模仿。在这一背景下,新的景观设计“大部分从艺术范式中产生,尤其是克洛德·洛兰所创作的意大利罗马风景画中呈现的风景。”[29]

约翰·迪克逊·亨特证实了这个观点。他认为,克洛德的作品在 18 世纪 20 年代被诸如约翰·伍顿(John Wooton)等艺术家临摹或制成版画广泛传播之前,且为旅行者所熟知。取材于意大利罗马风景画的景观大部分都是理想化的场景……无论克洛德描绘的田园景观还是野外景观……这种理想化的艺术形式对新式园林的倡导者来说极具吸引力,因为它提供了有关天堂和黄金时代的视觉形象,并且与花园密切相关。[30]

亨特详细阐述了18世纪英国人的景观品位以及对克洛德17世纪绘画的接受程度。他提到，威廉·肯特的“如画式”风景理论开始在花园设计中受到普遍认可并发挥重要的作用……他（肯特）对克洛德的了解来自伯林顿伯爵（Lord Burlington）于1727年购买的《真理之书》以及在罗马所见的克洛德的油画和素描。[31] 大众对克洛德作品的接纳揭示了18至19世纪英国如画式风景园的发展，从威廉·吉尔平（William Gilpin）对如画式理论的理解，到托马斯·格瑞（Thomas Gray）提倡如画式景观的体验，再到普莱斯（Uvedale Price）的如画式景观理论，英国如画式风景园的构想基本形成。同时，克洛德所绘的罗马画作就像一面透镜，为大众所认知。[32]

克洛德的画作对已往城市的起源和英国景观的发展具有持久的影响，可以从一个鲜为人知的发明中体现出来，这个发明源自旅行文化和景观体验，是一个暗色的小型手持凸面镜，可以让艺术家和旅行家依据如画式景观理论的原则观看风景，进而更加准确地模仿克洛德的绘画。正如恩斯特·冈布里奇（Ernst Gombrich）所说，这个装置由一个可调整表面的曲面镜组成，将局部色彩转换成狭窄的色域，通常称为“克洛德玻璃”。[33]《真理之书》的扉页展示了一张画在这个暗色曲面镜中的自画像（图5.14）。托马斯·盖恩斯伯勒（Thomas Gainsborough）一张无日期的铅笔素描《手拿镜子的男子》（*Man Holding a Mirror*，图5.15）描绘了18世纪中叶这种装置的用途，一位旅行者背对着风景，凝视着镜子中反射的暗色的风景图像，仿佛可以更加全面地理解这个景致。这个例子非常令人信服，且具有极大的影响力，到19世纪晚期，风景画将成为欧洲和美国绘画的主要流派。克洛德的画中，在宁静且田园诗意般的意大利乡村与19世纪美国文化的伊甸园景观传统之间，除园林主题之间的联系外，一种明显的情感联系充斥其间。[34]

克洛德的作品在英国造园讨论中受到普遍认可，他针对罗马disabitato

图 5.14 克洛德 · 洛兰，克洛德 · 洛兰的自画像（《真理之书》的卷首插图），约 1635 至 1636 年

图 5.15 托马斯 · 盖恩斯伯勒，《手拿镜子的男人》，约 1750 至 1755 年

区域所描绘的独特的风景图像逐渐成为一种西方文化的形式。这种独特的艺术形式和景观意象及其蕴含的当代设计文化继续对当今的学科发展产生巨大的影响。有关“已往城市”的记载使人们对西方景观的起源进行了重新解读。作为一种文化类别，景观对被城市遗弃的“问题”场地具有独特的可塑性，在应对传统建筑学模式导致的社会、环境和文化等问题时特别有效。在城市密度降低和城市收缩的背景下，景观有着悠久的历史。下一章将探讨现代规划实践在不断进步的过程中如何配置景观，使城市人口免于遭受持续的工业经济变革所带来的严重的社会和环境危机。

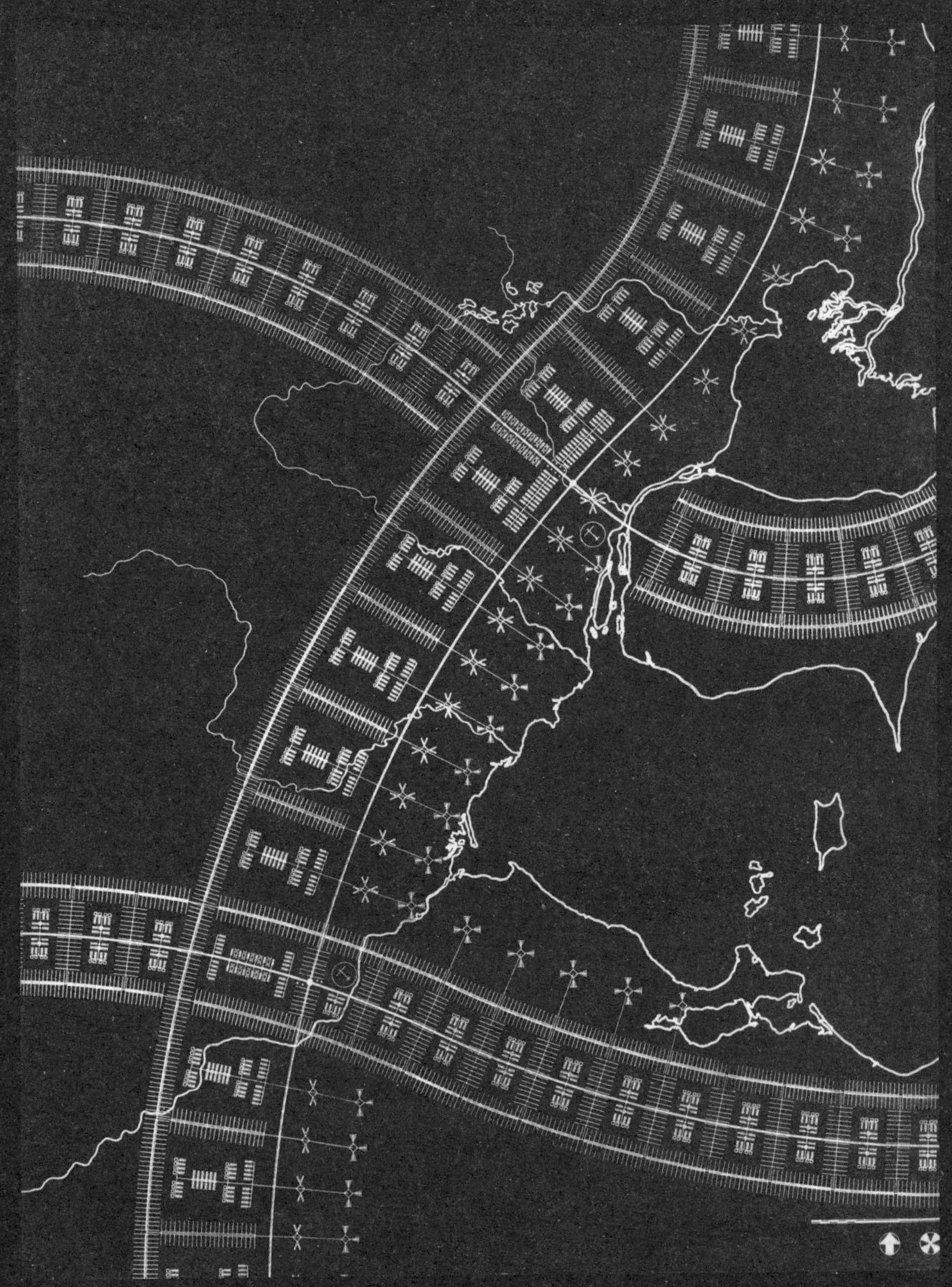

篇章总图　路德维希 · 希尔伯塞默，底特律地区，约 1945 年，摘录自《新区域模式：工业与花园，工厂与农场》，（保罗 · 西奥博尔德，1949 年，芝加哥）第 173 页，图 114

第六章　城市秩序和结构的变革

这个城市的结构是错误的……只有一场结构性的变革才能形成必要的秩序。

—— 路德维希·希尔伯塞默（Ludwig Hilberseimer），1949 年

至少有一个现代规划方案基于设计准确预测了底特律的人口减少，并把景观作为现代大城市都市主义的媒介。与最失败的现代主义规划形成鲜明对比的是，这个方案展示了景观作为媒介的独特能力，预测了分散化、人口减少与建筑肌理消失这些底特律可能在20世纪下半叶经历的问题。路德维希·希尔伯塞默预见到成熟的福特主义去中心化对北美城市化进程与模式带来的影响，并在生态与基础设施双重启发下提出了一个激进的规划命题，这比近期所宣称的“视景观为都市主义”的一种形式早了半个多世纪。

1955 年，即希尔伯塞默发表评论提出进行底特律城市结构性改革之后的第六年，他受邀对环境逐渐恶化的城市中心街区进行更新规划。在底特律进入长达半个世纪的衰退之初，希尔伯塞默的规划应用其在 20 世纪上半叶作为城市规划师、建筑师和教育家提出的理论原则，从根本上重新思考了这个汽车城的城市模式，并提供了城市图解，以协调为此项目而汇集在一起的跨学科优秀设计团队的工作分配。拉菲亚特公园住宅区（Lafayette Park）项目是一个由联邦政府签署的城市更新计划，在底特律不断恶化的过程中实现了一个至今仍切实可行且充满活力的案例，不同种族、阶层、收入的人共同居住在公共廉租房里。[1]最近，将步行街区（superblock）作为一种现代主义城市规划的策略逐渐兴起；在美国现代主义住宅拆除过程正在推进，同时，以重构城市为目的的"新都市主义"（new urbanist）模式普遍实施。基于此，拉菲亚特公园住宅区项目提供了一个独特的比较对象，提醒人们重新认真审视现代主义建筑与城市化的失败。[2]

在拉菲亚特公园住宅区项目中，景观和交通基础设施构建了城市的秩序，代替建筑而成为空间组织的媒介。阿尔弗雷德·考德威尔（Alfred Caldwell）的景观设计十分重要，它实现了开发商郝伯特·格林沃尔德（Herbert Greenwald）的社会愿景。密斯·凡德罗（Mies van der Rohe）设计了高层公寓建筑、两层的排屋以及带有庭院的平房住宅，除了这些建筑自身的价值，其也得益于希尔伯塞默的规划、考德威尔的景观与格林沃德的开发所营造的社会与环境背景。

拉菲亚特公园住宅区项目虽然具有显著优点且体现了文化传承，却被20世纪建筑和都市主义的历史所忽视，直到最近景观作为媒介这一观点的兴起才提供了机会，以重新审视现代主义规划积极和可供选择的一面。从景观作为去中心化城市的秩序要素这一当代视角来看，希尔伯塞默的拉菲亚特公园住宅区项目为彻底重构工业化城市提供了绝佳的研究案例。

在二战引起种族暴动之后，持续半世纪之久的城市疏散还未显露端倪之前，一群由支持者、规划师和政治家组成的底特律公民组织开始携手谋划城市中心的社区更新。这个社区称为"黑底"（black bottom），用当时城市规划师所热衷的专有术语描述，即"贫民窟"——无数"社会病态"集中的场所。"黑底"的居民主要是为了找工作而从南方经几次大规模迁徙而来的非洲裔美国人，而现在他们要被迫离开（图6.1）。[3]底特律政治和工商业的

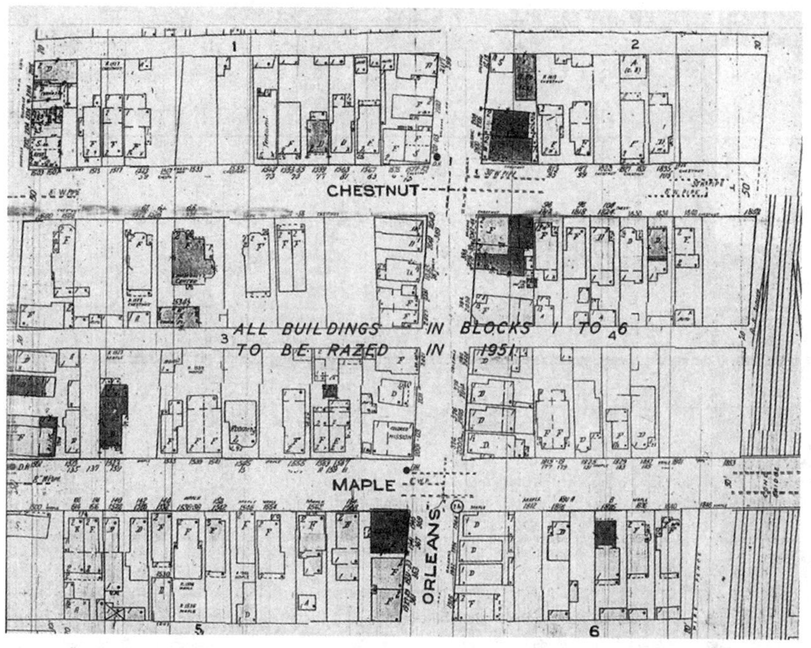

图 6.1 “1951 年 1-6 街区中的所有建筑都被夷平”，底特律“黑底”社区的桑伯恩火灾保险地图，约 1950 年

领导者在住所范围内共同构想了一项去中心化、郊区化的发展计划，旨在重现曾吸引众多欧洲裔白人放弃城市去选择郊区的生活品质，包括更低的居住密度、更多的开放空间以及适合汽车出行的居住环境。[4]1951 年，“黑底”的居民开始被疏散，建筑被拆除，但之后这片场地被空置了四年之久。尽管有由斯托洛诺夫（Stonorov）、山崎（Yamasaki）和格鲁恩（Gruen）提交的获奖方案，并且该方案获得了政府的认可，但缺少一个愿意并有能力承接该项目的当地开发商。空置期间，该项目被戏称为“寇伯市长的土地”，用以嘲讽该项目开发的失败。“黑底”的居民除了要忍受种族歧视和由城市更新而进行的贫民窟清理运动，还要忍受持续数年的废弃建筑拆迁，而这似乎也预示了底特律未来的命运。由于欠缺有资质的开发商来运营该项目，直

到 1995 年底特律市政府才决定与芝加哥开发商赫伯特·格林沃尔德合作开发该区域（图 6.2、图 6.3）。

赫伯特·格林沃尔德与塞缪尔·卡津（Samuel Katzin）共同构想了规划方案，拉菲亚特公园住宅区项目定位为一个混合型的居住区，即收入、阶层、种族各异的人居住在一起。历经半个世纪，拉菲亚特公园住宅区仍然受到许多原住居民的喜爱，与周边的城区或郊区相比，这个项目拥有更高的市值以及更丰富的收入、阶层、种族多样性。格林沃尔德关于邻里的最初构想极具可行性，该项目为中产阶级居民群体提供中心城区的住房和郊区的舒适感受，包括低密度、开阔的景观、公共公园、机动车易达性和安全的儿童游乐区等特征。[5]

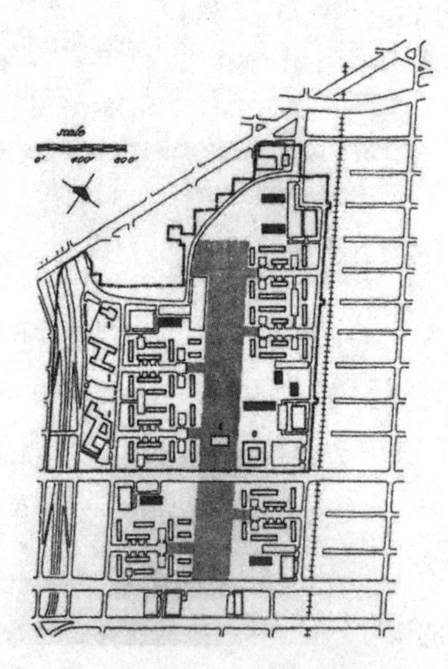

图 6.2 格林沃德绘制的格雷休特规划图，恢复重建项目，密斯·凡德罗（建筑师）和希尔伯塞默（规划师），1955 年；摘录自《改进城市更新中的设计过程》，罗杰·蒙哥马利，《美国规划师学会期刊》31，No.1（1965）:7-20

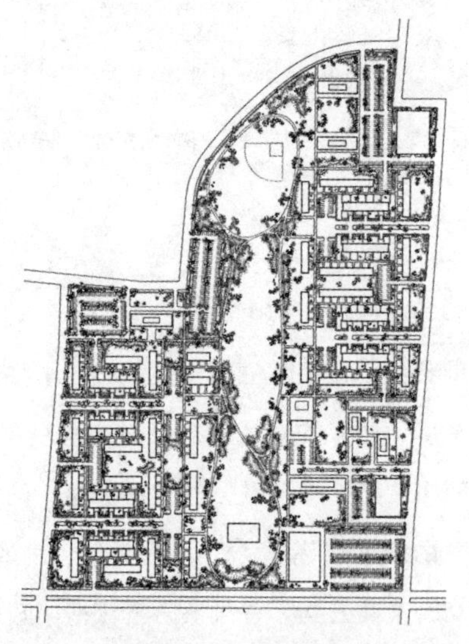

图 6.3 路德维希·希尔伯塞默与密斯·凡德罗，拉菲亚特公园住宅区，平面图，1956 年

格林沃尔德还向建筑师路德维希·密斯·凡德罗征求该项目的设计建议，两人曾在芝加哥 860–880 号湖岸大道公寓项目中进行合作。密斯还介绍希尔伯塞默加入该团队进行场地规划，介绍考德威尔负责景观设计（图 6.4 至图 6.7）。拉菲亚特公园住宅区项目很大程度上基于希尔伯塞默之前在德国和美国所进行的学术项目，是希尔伯塞默"聚居单元"理论最具重要意义的一次应用，也是其职业生涯中最为重要的一个项目。希尔伯塞默的"聚居单元"理论非常适合将各种应用于北美去中心化城市的规划原则和规划类型整合起来。（图 6.8）。[6]

图 6.4 格雷休特重建（拉菲亚特公园住宅区），底特律，夷平后的场地，航拍图，1955 年

图 6.5 格雷休特重建（拉菲亚特公园住宅区），底特律，航拍与模型合成图，1955 年

图 6.6 格雷休特重建（拉菲亚特公园住宅区），底特律，场地模型，1955 年

图 6.7 格雷休特重建（拉菲亚特公园住宅区）底特律，实景展示，1955 年

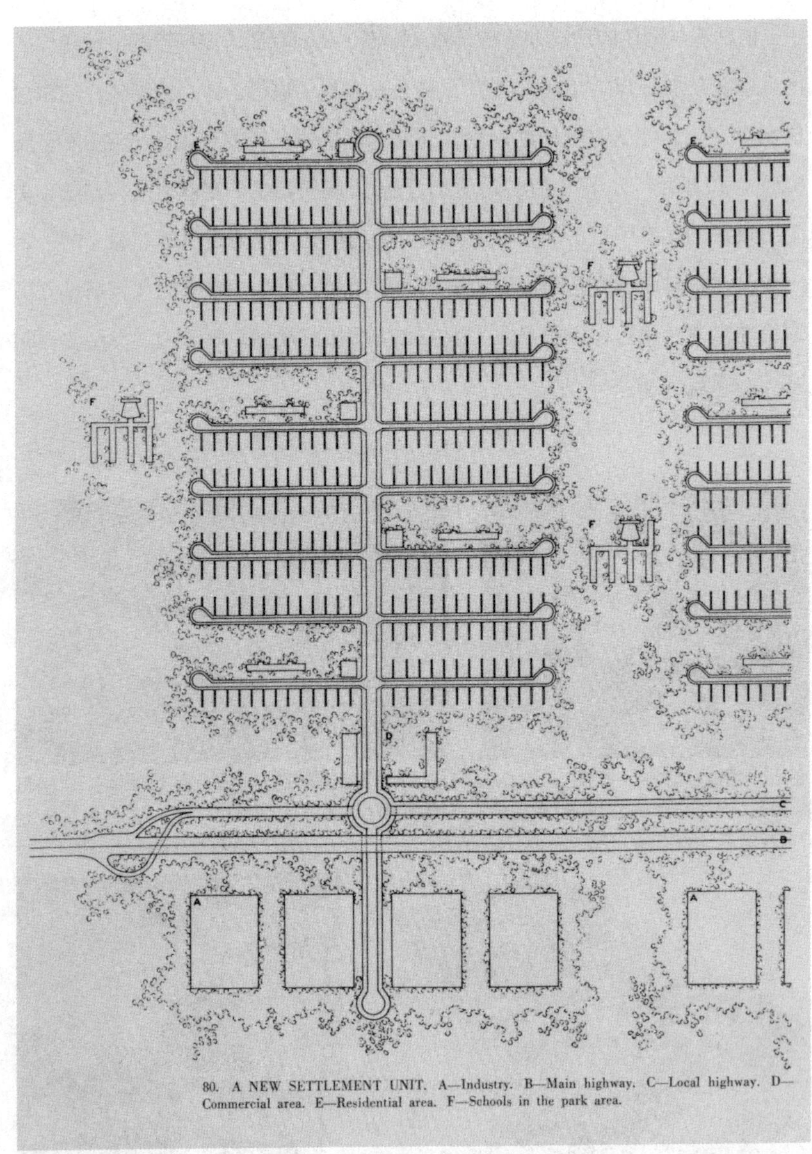

80. A NEW SETTLEMENT UNIT. A—Industry. B—Main highway. C—Local highway. D—Commercial area. E—Residential area. F—Schools in the park area.

图 6.8 路德维希 · 希尔伯塞默，聚居单元，平面图，约 1940 年

希尔伯塞默对该场地提出的规划建议是将景观作为最重要的物质要素。这个项目的业主委员会为该项目提供了足够的空间与预算，以避免这片土地沦落为城市中毫无特征的真空地带。格林沃尔德提出的财政与营销方案是整个计划的核心，景观是最重要的服务设施，景观的主体是一个位于场地中心占地约6.9公顷的公园，成为底特律城市中部一个极受欢迎的社交与环境设施。与之形成鲜明对比的另一个项目是伊利诺伊理工学院（IIT）的校园规划，与密斯项目的尺度极为类似，但植物景观匮乏，并缺乏分区设计和机动车系统。如果伊利诺伊理工学院能借鉴拉菲亚特公园住宅区项目的经验更加重视规划和景观设计，那么它将获益匪浅。（图 6.9、图 6.10）。[7]

虽然这两个项目表面上极为相似，都是空白区域上无等级、滑杆状排列组织的建筑，但拉菲亚特公园住宅区项目并未保留 19 世纪陈旧的街道网络，

图 6.9 密斯 · 凡德罗，伊利诺伊理工学院，芝加哥，航拍图与模型，1940 年

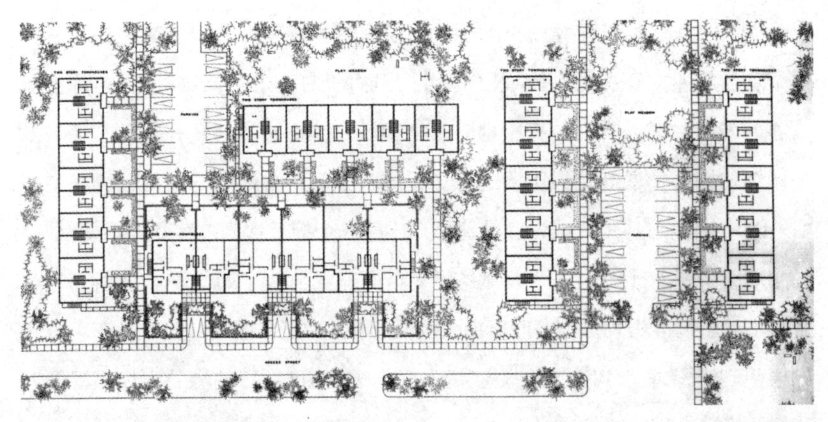

图 6.10 希尔伯塞默，密斯 · 凡德罗，拉菲亚特公园住宅区，底特律，排屋与院宅的规划模块平面图，1956 年

而更倾向于苍翠繁茂、视野开阔的绿色横隔。后者的设计将基本的空间结构建立在苍翠的景观层之上，希尔伯塞默借助这种结构使场地中的机动车交通很好地与居住单元相联系，并让位于主要的开放空间。他界定了街道的范围，使之不侵入场地内部，减少了机动车对公共景观整体性的影响。这种做法避免了人行交通穿越街道的困境，将行人与机动车之间的交叉混行降至最小限度。在希尔伯塞默从规划层面处理上述关系的基础之上，密斯 · 凡德罗抬高了主要居住区域的标高，进一步强化了步行者与街道的分隔，将公共景观的地平面抬高近一米，以便与街道平面分离，有效地将社区从机动车带来的不利影响中解脱出来（图 6.11）。[8]

项目中的植物种植构成了场地在规划尺度以及私人住宅尺度发展的基本框架。考德威尔的景观设计也提供了一个具有地域性和季节性的外部空间，恰好与密斯认为的空间普遍性以及毫无装饰的工业标准化建筑外立面形成了互补。[9] 日趋成熟的景观通过使大型的公共景观让位于共享的花园和私人的院落，继续构建着空间组织的框架以及场地的内在连贯性。各种景观空间如同齿轮般嵌合在建筑组合体的周围，建筑组合体包括一系列独栋别墅、联排别

图 6.11 拉菲亚特公园住宅区，底特律，第一阶段，鸟瞰图，1957 年

墅以及公寓楼。每一栋建筑均由工业标准化的建筑构件组装而成。

密斯式的标准化建筑构件有效地节约了建造住房的时间，也降低了成本，虽然建筑的材质不得不让位于建筑单元的内外空间关系及其服务的外部空间，但这种让位主要体现在空间层面和视觉层面。大量居民巧妙地分散安置在“薄板”状的建筑中，这些长条形高层建筑为该地块腾出了充足的阳光、空气与地面空间，有效地降低了人们感官体验到的建造密度。无论哪种建筑形式，公寓、联排别墅抑或独栋带院的别墅，都代表各自不同的建筑与环境的关系，而通过景观外部空间对空间进行明确界定的做法只能在密斯的其他规划中才能看到（图 6.12、图 6.13）。

作为一名深受新客观主义（new objectivity）熏陶的建筑师和艺术评论家，希贝尔塞默最初扬名得益于 19 世纪 20 年代一个并未付诸实施的城

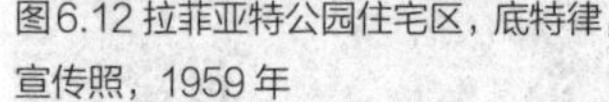

图6.12 拉菲亚特公园住宅区，底特律，宣传照，1959 年

图 6.13 拉菲亚特公园住宅区，底特律，鸟瞰图，1963 年

市设计方案。因现代主义理性规划方案，如摩天城市（Hochhausstadt，1924 年）和巨型城市建筑（Groszstadtarchitektu，1927 年）而广为诟病，其早期作品被视为“大坟场而非大都市”。[10] 希贝尔塞默很快放弃了那些计划，转而探究“去中心化”，以及将景观作为工业城市改造之良方。这一变化在其 1927 年出版的一本名为《花园城市般的大都会》（*The Metroplis as a Garden-City*）的图集中清晰地展示出来。[11] 希贝尔塞默在 20 世纪 30 年代的作品明显受到欧洲花园城市理论的影响，同时证实了通过景观介入场地并将不同高度的住宅组合成低密度住区的模式是一种行之有效的策略。接下来的数十年间，他在美国所做的一系列项目沿用了这种模式。从这个角度而言，最具影响力的是希贝尔塞默所做的混合高度住宅项目（Mischbebauung，约 1930 年，图 6.14）以及柏林大学规划项目（1935 年），这些项目体现

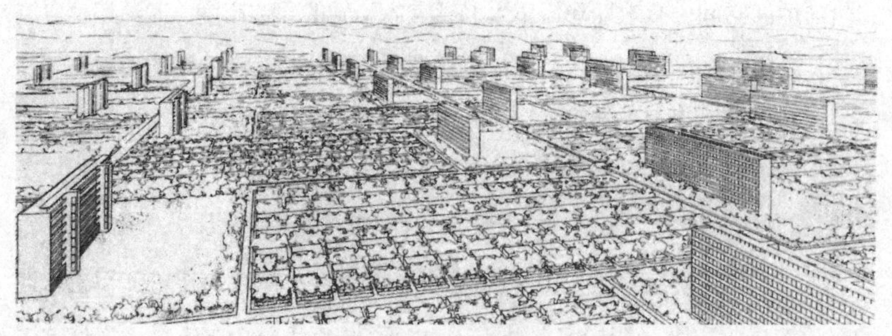

图6.14 路德维希 · 希尔伯塞默，混合高度住宅项目，鸟瞰图，1930 年

的规划原则预示了其职业生涯的平衡点。[12] 希贝尔塞默对低密度模式下的景观和混合高度住房的偏好在之后的其他美国项目中继续沿用。其早期作品受到当时德国规划界以及城市景观（Stadtlandschaft）概念的深刻影响，同时也受到成熟的工业化生产导致传统城市去中心化这一现实条件的影响。事实上，希贝尔塞默早在 20 世纪 20 年代亨利·福特将工业生产分散化之时就已经产生了这种想法。[13]

福特对纳粹主义并不排斥，甚至支持。因此为德国战争机器所建造的基础设施以及后勤补给的内在逻辑为研究福特主义的特征——流动性，提供了重要的案例参考。流动性并非只是一种生产模式，事实上它是福特主义之本质所在。流动性可以理解成为预测军事力量做准备，还可以视为对工业化进程本身的重组。

与福特的政治性承诺不同，希贝尔塞默是一位被 20 世纪 20、30 年代社会状况所激化的坚定的社会主义者。他在德国受到传统马克思主义社会批判的影响，拥护社会主义，所做的规划项目中大力宣扬“公平”[14]，致力于为所有人提供平等的环境，特别是平等地拥有健康的住房。对他而言，这意味着必须公平分配土地，同时每位居住者都能享受充足的光照。

希贝尔塞默将社会平等与平均分配的土地以及享有充分的光照联系在一起，提出原生态都市主义（proto-ecological urbanism）的概念。[15] 他于 1938 年搬到美国芝加哥之前，所做的规划项目一直致力于从空间和城市角度对社会公平等问题进行探索。他虽然一直坚持承担社会责任，但拒绝在美国担任任何有关社会主义的公共职位，而是寄希望于自己的同事或学生担任更具批判性的职位。[16]

直到 20 世纪 40 年代中期，希贝尔塞默的居住单元概念才有了更清晰和具体的形式，并成功预见了州际高速公路系统的发展，明确提出了交通网络、居住单元与区域景观三者之间的联系。二战后民防系统的分散化更激起了希贝尔塞默对北美有机都市主义的兴趣。此外，他还对日本广岛重建提出建议，预测跨越州际的高速公路系统将作为民防系统的基础设施和福特主义生产逻辑的延伸。在此背景下，他基于对赖特广亩城市理论和进取的田纳西河流域管理局（TVA）项目及其美国区域规划协会支持者的了解，提出了全新的城市规划方案，即基于区域高速公路系统和自然环境条件的低密度北美居住模式的城市化（图 6.15）。

1945 年，希贝尔塞默在《城市与防卫》（*Cities and Defense*）这篇文章中倡导，二战之后城市应当逐步分散化并消解在景观之中作为一种国民防卫的策略（图 6.16）。[17] 他提出了“美国的有机都市主义”，即城市分散在景观之中，基础设施与环境融为一体，模糊城市与乡村在视觉上的界限与区别。这种将人口散布于景观之中的低密度郊区居住模式不仅在可以显著减少潜在的核战争带来的伤亡，而且还因为从空中观察很难辨识，目标无法定位，因此从一开始就可以预防空袭的发生。分散化和降低建设密度的都市主义案例指出了在美国建设跨州高速公路系统的必然性，高速公路系统将成为国民防卫基础设施的一部分。出于类似的论证，高速公路交通系统的建设将成为城市分散在景观中的推动力，这也对战后居住模式的改变产生了不可估量的影响。

此外，希贝尔塞默倡导的战后美国区域基础设施彻底分散化的模式优化了福特主义模式，后者也提倡去中心化的产业制造和分散的人口聚居区，以免在核武器时代的空袭中成为明显的攻击对象。他在图纸上模拟了一次发生在伊利诺伊州中心区域的核爆炸，并提出，建立全民防御的基础设施是一件刻不容缓的要务，只有这样才能将密集的城市人口输送到远离城市相对安全的郊外，进行有效的疏散。[18] 这一高速公路作为全民防御性基础设施的模式，通过拟态掩护的方式，达到有效疏散的目的。无独有偶，冷战时期城市中心人口的减少有力证明了希贝尔塞默提出的降低城市密度的问题，而其之前的研究还是基于所谓的高效工业生产和优化布局背景的思考。

图 6.15 路德维希 · 希贝尔塞默（规划师），阿尔弗雷德 · 卡德维尔（制图者），居住单元与商业区，鸟瞰图，约 1942 年

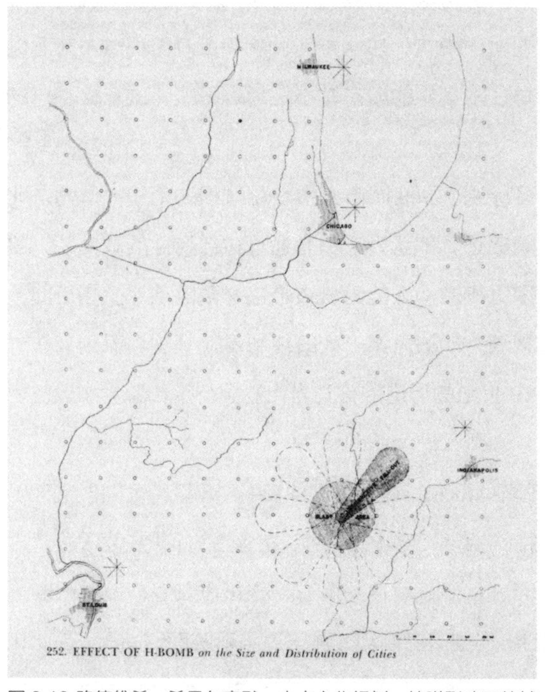

图 6.16 路德维希 · 希贝尔塞默，去中心化规划，核弹影响下的城市分布，地图图解，约 1945 年

在 1944 至 1955 年，希贝尔塞默撰写了三本英语著作，以阐释其理论与规划方法。虽然这三本著作的内容有所重叠，并引用了相同的基础资料，但每一本都以不同的论证方式进一步阐述了其观点。第一本《新兴之城：规划准则》（*The New City: Principles of Planning*，1944 年）表达了希贝尔塞默对奥古斯都式秩序感的推崇，就如同平等与不平等部分之间有机的联系，每个部分都与整体之间存在联系。从这一点不难发现希贝尔塞默与密斯的共同之处，即都认为建筑与规划的责任和义务是成为文化的化身而非改革的机

制。密斯为此书撰写序言并将希贝尔塞默的城市规划描述为一项“构建秩序”的作品：理性是人类工作的第一准则。希贝尔塞默有意或无意地遵循这一原则，并将其作为工作的基础……城市规划本质上就是一项构建秩序的工作。[19]

《新兴之城：规划准则》为希贝尔塞默的《新区域模式》（*New Regional Pattern*，1949 年）提供了大量分析和方法论。希贝尔塞默在《新区域模式》中围绕交通和通信网络的建立提出了相关的规划建议，内容涵盖水平层面上的景观。在水平向上不断延展的土地范围内，房屋、农庄、轻工业、商用建筑和市民的公共场所构成不同尺度的网络结构，涵盖了去中心化之后散置的土地。“新区域模式”的组织结构并非遵循抽象的格网概念，而更遵循对自然环境的考量，受到地形、水文、植被与风场类型等相关因素的共同影响。这种模式将基础设施系统与景观的营造结合起来，基于北美洲的环境条件重新构想了一种全新的居住模式。在这方面，该项目对传统城市形态以及已经无法应对现代社会与技术条件的既有城市规划进行了一次意义深远的批判。

希贝尔塞默直接援引福特关于加速城市去中心化过程的论述，作为对北美居住模式一种比较成熟的描述。他认为，只有通过“结构性的改变”，将原有传统城市形态完全推翻进行重构才能为城市带来必要的秩序。基于此，他提出了底特律城的重建规划。他的方案一如既往地贯彻其规划原则，在对底特律的分析中，聚焦于 19 世纪的街道网格与当代社会公平和原生态效益要求之间的矛盾。

希贝尔塞默特意将讨论具体到底特律的格雷休特（拉菲亚特公园住宅区）场地上，作为拉菲亚特公园住宅区项目的初步说明。在这些讨论中，他认为，“古老的”的街道格网是不合时宜之作，现存的街道系统正在衰退，虽然试图追接古代遗风，然而机动车的出现使曾经堪称完美的道路系统面临淘汰。因此，建造高速公路时，几乎遗忘了行人，而对人群来说，每个街道的转角都仿佛是一个致命的陷阱。为了消除这一危险，在居住区内，行人不需要跨越交通线路，但同时应保证每栋住宅和其他建筑具有良好的机动车可达性。[20]

希贝尔塞默发现，赫伯特·格林沃尔德作为一位地产开发商，与他有着相同的见解，即需要对美国城市进行“结构性的变革”。格林沃尔德认为，拉菲亚特公园住宅区应当建立为一个多种族、多阶级共同使用和居住的社区，这在当时颇具进步意义。虽然在联邦资助的更新项目中，绝大多数都是单一种族、单一阶层的聚居集合，格林沃尔德却宣称，美国城市应该通过相互混合的阶层和租赁方式实现多种族融合。格林沃尔德与希贝尔塞默共同描绘了一种构建在景观基础之上的新的空间结构，可以实现彻底的社会变革。在他们的构想中，格雷休特会成为一个全国性的去中心化都市主义的模板，依靠景观来塑造城市。在向市长考伯（Cobo）以及底特律的市议会汇报项目方案时，格林沃尔德说：“格雷休特开发项目不仅对底特律，而且对整个国家提出了一大挑战……城市只有从现有的禁锢中解脱出来，才能与景观的开放空间形成关联。”[21]

然而遗憾的是，这一进步性的观点最终随着格林沃尔德的早逝而搁置。1959 年 2 月，一架由美国航空公司运营的飞机从芝加哥起飞前往纽约，即将在拉瓜迪亚机场降落时不幸失事，而格林沃德就在这架飞机上。在他辞世之后，继任合作者放弃了他的规划方案，对拉菲亚特公园住宅区的剩余土地进行了划分，委托给包括密斯在内的一批建筑师负责建筑设计。拉菲亚特公园住宅区本可以成为希贝尔塞默整个职业生涯中唯一一个在建筑形式上体现其规划理论的作品。[22] 正因为缺少更多的建成案例来展示希贝尔塞默的规划理论，本书的研究需要把目光扩展至国际范围，寻找可以与之相比较的，将景观作为创造城市秩序的媒介的先进案例。卢西奥·科斯塔（Lucio Costa）便是其中之一，几乎与拉菲亚特公园住宅区同时进行的“先驱者规划”在巴西利亚付梓于蓝图，是一个极具说服力的项目。科斯塔的首都规划将景观作为新时代下构建先进城市秩序的首要元素，在环境和社会两个层面都展现了与贝尔塞默规划理论相似的许多成功之处。巴西利亚的案例值得予以更充分的关注，其展现出在更大尺度上探讨希贝尔塞默的社会与生态议题的可能性，这个话题将在下一章中进行论述 。[23]

在拉菲亚特公园住宅区项目中，通过对美国城市的空间和社会结构进行彻底的再思考，希贝尔塞默的规划提供了一个公共补贴社会住房最为成功的案例。后来，他在执教期间继续总结了拉菲亚特公园住宅区项目的经验，将其作为一种可供选择的规划方案，应用于莱维顿镇规划以及战后基于机动车出行的持续去中心化过程中，而这也是战后时代的主要空间秩序。[24] 尽管拉菲亚特公园住宅区项目在社会与环境议题上取得了成功，但希贝尔塞默的规划却仍然被大部分人所忽视，甚至随后作为“现代规划失败”的证据。直到 20 世纪 60 年代后期，人们才越来越多地关注节能、建筑朝向与环境问题，密斯 · 凡德罗也对希贝尔塞默的工作没有获得足够的认可而感到遗憾。[25]

拉菲亚特公园住宅区项目建成于 1959 至 1960 年间，之后普遍的见诸于大众期刊和专业期刊，引发了关于种族与文化的一系列讨论。一家底特律报社在提及该项目的建筑师时，误称其为“密尔斯 · 凡德罗” 。一些美国出版发行的专业期刊利用一系列的图解来展示这个项目。1960 年 5 月刊行的《建筑师论坛》（*Architectural Forum*）上登载了一篇包括照片、规划图以及访谈在内的题为《底特律高层塔楼与低层住宅的组合》（*A Towerplus Row Houses in Petroit*）的文章。该文章将拉菲亚特公园住宅区描述成“为追求一种新的生活方式所做的一项社会与城市实验，是对底特律中心城区令人日益窒息的都市阴霾做出的回应 ” 。[26]

许多建筑师与评论家在拉菲亚特公园住宅区项目中找到闪光之处。艾利森 · 史密森和彼得 · 史密森引用了“自我控制与保持沉默是当今建筑师所需要的”的话语，以褒扬拉菲亚特公园住宅区项目“理想般的沉静”。肯尼斯 · 弗兰姆普顿也赞同这一观点，并将该项目形容为“谦逊而不常见”[27]。然而与此相反，西比尔 · 莫霍丽 · 纳吉（Sybil Moholy–Nagy）在《加拿大建筑师》（*Canadian Architect*）上撰写了极为严厉的评论。她对拉菲亚特公园住宅区项目的批判还引发了希贝尔塞默的名字被普遍误写。她认为，希贝尔塞默不过是“理论上”的规划师或仅仅算是老师，拉菲亚特公园住宅区项目饱受“城市连贯性完全缺失”之苦，并因此“完全缺乏都市化的环境氛围”。[28]

纳吉在《加拿大建筑师》上的评论文章首开批判之先河，这篇文章还称格林沃尔德的混合阶层策略完全是一种中产阶级及其以上阶层对低消费住房投机性的侵占。曼弗雷多·塔夫里（Manfredo Tafuri）也给出相似的评价。在对希贝尔塞默理论性的规划成果大部分予以赞赏的同时，塔夫里也认为，拉菲亚特公园住宅区项目实际上是“资产阶级”的投机开发，目的是取代低消费住房。[29]

查尔斯·詹克斯（Charles Jencks）对拉菲亚特公园住宅区项目的评论堪称最为持久。他在 1966 年 5 月刊行的《建筑联盟期刊》（*Architectural Association Journal*）上发表文章，毫不客气地以“密斯的问题”作为标题，当时还是研究生的他自此开启了长达二十年对抗密斯与希贝尔塞默的鏖战。他认为，该项目是“一个纯粹追求形式主义的建筑模式，一种外来元素，形如浴室的通风道，导致极大程度上的矫揉造作。”[30] 十年后，《建筑设计》（*Architectural Design*）刊登了詹克斯的一系列文章，都是对后现代建筑以及都市主义失败的口诛笔伐，虽然原本的对象是密斯，但希贝尔塞默却不幸沦为替罪羊。詹克斯最后在 1972 年 4 月 22 日，也就是圣路易斯公共住宅项目爆破过程的电视转播中公开宣称了“现代建筑的死亡”（图 6.17）[31]。在他所进行的抨击中最常用的论点是，希贝尔塞默已沦为“过时”之列 。詹克斯的合伙人乔治·贝尔德（George Baird）也在 1977 年发表的雷姆·库哈斯作品的评论文章中用“最不时尚的现代建筑师”形容希贝尔塞默。正如第七章所述，1995 年贝尔德在其新书《表象空间》（*The Space of Appearance*）中用整整一个章节的笔墨继续对“城市有机论”进行批判。虽然贝尔德对希贝尔塞默只字不提，但他认为，所谓“城市有机论”的张力所

Architectural Design 4/77 261

The Language of Post-Modern Architecture: a summary

In this article GEOFFREY BROADBENT summarises Charles Jencks's book *The Language of Post-Modern Architecture*. Jencks's books takes as its starting point the current crisis in architectural credibility which, although due to a complex system of causes, has been exacerbated by the modern movement's insistence on a purist architectural language. Contemporary architects, bound either by academic integrity or the tenets of pseudo-functionalism, have tended to build in only one style and the messages implied through their buildings have been misunderstood. The book explores how architecture may more readily be used to communicate. The illustrations and captions are extracted from the book.

'Modern architecture' according to Charles Jencks, 'died in St. Louis Missouri on July 15 1972 at 3.32 p.m. (or thereabouts)'.

That was when Yamasaki's Pruitt-Igoe was blown up, some 20 years after its construction, on the grounds that the extraordinary amount of vandalism proved its total unsuitability for its black inhabitants. (1). Yet it had been constructed according to the most progressive ideals of CIAM, had won architectural awards, actually offered 'the sun, space and greenery' which Le Corbusier had called 'the three essential joys of urbanism'. The purity of its architecture 'was meant to instill, by good example, corresponding virtues in the inhabitants'.

Jencks rejects any such possibility and he also rejects the indiscriminate use of modern architecture for every building type in every part of the world. Nor does he see modern architecture as acceptable any more for mass housing – given the way in which public opinion rejects it so decisively. (2). Jencks does not want to suppress modern architecture entirely. If anything he wants to resuscitate it – where appropriate – for engineering works, office buildings and even, if clients want it, for private houses.

1 Minoru Yamasaki, Pruitt-Igoe Housing, St. Louis, 1952-55. Several slab blocks of this scheme were blown up in 1972 after they were continuously vandalised. The crime rate was higher than other developments, and Oscar Newman attributed this, in his book Defensible Space, *to the long corridors, anonymity, and lack of controlled semi-private space. Another factor: it was designed in a Purist language at variance with the architectural codes of the inhabitants.*

图6.17 拆除普鲁伊特·艾格，圣路易斯，摘录自乔佛理·布罗德本特《后现代建筑语言：一份总结》（查尔斯·詹克斯为《后现代建筑语言》一书撰写的书评），《建筑设计》，No.4（1977）：261

显示的是“对所有公共领域现存形式的怀疑”。[32]

直到20世纪80年代早期，约瑟夫·里克沃特（Joseph Rykwert）还认为希贝尔塞默的成功令人无比惊讶，因为他的作品是如此明显的乏善可陈。不仅如此，他还认为，希贝尔塞默的规划比其他已经成型的现代主义规划都糟糕。“回首审视，我们除了惊讶希贝尔塞默获得成功外别无其他值得注意之处。他空洞、阴郁却来势汹汹的几笔规划预示了一座连街道也没有的城市，如果这一规划得以实施，那么将比已经付诸实践的规划更糟糕。这个项目的成功是一种最奇异的社会学现象。”[33]一直以来，希贝尔塞默的规划方案遭到严厉的贬损，成为大西洋两岸竞相奚落的对象。对其成功的贬损很大程度上忽视了一些其所做的独立建筑项目的优点，并对巨型城市建筑

（Groszstadtarchitektu）项目旧事重提，而这个20世纪20年代的项目早已被他放弃，并自认为与其说是大都市，不如说是大墓地。1989年，在芝加哥艺术学会(Art Institute of Chicago)组织的希贝尔塞默研讨会上，彼得·布伦德尔·琼斯以“在密斯的阴影笼罩之下”为题，重申一直延续的普遍见解，即希贝尔塞默完全无望于时下潮流。[34] 然而，就在琼斯的评论发表仅仅三年后，K·迈克尔·海斯发表了维护希贝尔塞默的评论，认为希贝尔塞默代表后现代主义批判理论的一个侧面 。[35]

拉菲亚特公园住宅区项目涵盖了大量密斯·凡德罗的建筑作品，是路得维希·希贝尔塞默最为重要的一项规划成就，也是美国战后运用超级街区策略应对去中心化城市过程实施得最为彻底的实践案例。希贝尔塞默的拉菲亚特公园住宅区项目与阿尔弗雷德·考德威尔的种植设计共同为当代景观作为都市主义媒介提供了一个具有重要影响力的范例。

《新区域模式》一书为“将景观作为都市主义”的当代解读提供了许多重要的见解，将在下一章中予以论述。其中包括将项目或规划作为一种社会议程，从某一方面回应了经济不公平和工业化时代传统城市存在的环境污染等社会问题。与当代景观都市主义的问题同样引人注目的是，《新区域模式》特别强调图解的作用。希贝尔塞默对模式的图解为当代专业设计人士如何表达景观以及从一个总体视角构想都市主义的具体呈现形式提供了一个参考。此外，他以图解的方式表现了鸟瞰视角的综合性、概括性和平面性的特点，展示了不同尺度下生态与基础设施系统之间极其微妙的内在关联。在宏观尺度上，这样的图解呈现出国家层级的高速公路系统在大尺度范围内的分布情况，以及与自然资源、现有的人群中心区以及假设的核爆炸之间的关系。在微观尺度上，展示了一些精细设计的景观，如公园林荫路、停车场、农庄以及构成私密生活基础的私人花园。介于这两种尺度之间，希贝尔塞默和考德威尔重新提出了一个抛弃传统城市形态中“冗余结构”（weighty apparatus）的都市主义构想，在这一构想中景观成为构建社会和空间秩序的媒介。

篇章总图　路得维希 · 希贝尔塞默，城市景观，鸟瞰图，约 1945 年

第七章 农业都市主义和俯视的主题

行业将自行分散。如果城市衰落，没有人会按照现有规划重建它。

—— 亨利·福特（Henry Ford），1922 年［1949 年由路得维希·希贝尔塞默（Ludwig Hilberseimer）引用］

希贝尔塞默对于美国有机都市主义的分散化规划方案主要聚焦于城市与景观关系的根本重构。他提出，美国城市地区“结构性变化”（structural change）概念的核心体现了区域在构建经济和生态秩序方面的作用。对于全新的城市化“区域模式”（regional pattern）概念，他参考了一系列先例，包括英国田园城市运动（English garden city movement）和法国城市规划的传统（French desurbanist tradition），以及弗兰克·劳埃德·赖特（Frank Lloyd Wright）的“广亩城市”（Broadacre City）模式和彼得·克鲁泡特金（Petr Kropotkin）“将田野和工厂合并”的思想。[1] 由此，希贝尔塞默提出了“融合农业用地和城市用地”的想法。

农业和城市经常是相互对立的。几个世纪以来，在许多学科中，城市和乡村被以二元对立的方式相互界定。相比之下，当代城市的设计实践和理论致力于对城市农业潜力的探索。本章重新讨论了受农业生产空间、生态和基础设施影响的城市形态构建历史。在这一变迁史中，农业生产被认为是城市结构的一个构成要素，而非附属在传统城市形态之外或是被置入的。独特的是，本章试图从三个城市项目中构建出一条具有参考价值的历史链，明确地将农业生产作为城市经济、生态和空间秩序所固有的一部分加以组织。

20 世纪的许多城市规划项目希望构建一种农业都市主义（agrarian urbanism），通常这些农业设想试图调和看似矛盾的工业大都市发展与农业聚居地的社会和文化背景。在许多类似项目中，农业都市主义成为工业化密集型大都市的替代品，在 19 世纪和 20 世纪初西欧和北美的城市中，这种工业化布局由农村人口迁移到工业城市而得到发展。许多现代主义城市规划方案的农业设想可追溯到 20 世纪前二十年最初受到亨利·福特（Henry Ford）和其他工业家所推崇的相对分散的工业化秩序。[2] 福特在组织上倾向于空间分散化，工业化布局倾向于横向扩展并抛弃了传统的工业化城市。在某种程度上，农业主义作为一种对大萧条时期社会状况响应，延续了基于自给农业的原有农业人口和现代大都市相对不稳定的工业劳动力之间的关系。许多现代主义的城市规划师通过融合工业与农业，设想了一种轮换劳作系统，即工人在工厂和集体农场之间交替工作。通常，这些新的空间秩序被认为是广阔的区域景观，而规划项目常常融合了鸟瞰图和地图的特点，暗示了一种俯视主题的趋势。

20 世纪出现的这些趋势也许可以通过一系列分散化的农业都市主义项目加以理解：弗兰克·劳埃德·赖特（Frank Lloyd Wright）的“广亩城市”（Broadacre City，1934 至 1935 年）；路得维希·希贝尔塞默（Ludwig Hilberseimer）的“新区域模式”（New Regional Pattern，1945 至 1949 年）和安德里亚·布兰兹（Andrea Branzi）的“农构都市”（Agronica，1993 至 1994 年）。[3] 在六十年间，三位风格迥异的建筑师所研究的项目都表明了农业生产的城市形态作为城市固有结构的意义，同时，形成了农业都市主义这一主题连贯的思想谱系，正如布兰兹参考了希贝尔塞默的城市方案，而他的研究正因为熟知赖特的城市项目而受到启发。项目向公众展示了对城市的深度重构，并提出从根本上分解和疏散城市形态，并使其融入生产性景观。城市形态的分解使城市和乡村之间的传统差异变得无关紧要，且有利于融合郊区的地域特色。从有关城市农业的当代视角来看，这两个项目都强有力说明，城市农业能够取代过去普遍认识的城市形态。

三位城市设计师的研究隐含了一个持续不断以工业化经济为主导的城市疏散过程。对赖特、希贝尔塞默和布兰兹而言，新型的工业疏散模式降低了城市密度，这已成为将景观作为一种城市形态的主要途径。郊区景观呈现出由农业用地、农场和田野组成的风景。项目规划了大规模的土地或区域城市基础设施网络，使现有的自然环境与新的农业和工业景观形成关联。此外，项目重构了城市和农村、村庄和农田之间的根本区别，同时，都市主义和景观融合在一起，催生了第三种形式，即一种适用于工业化背景下现代北美原始生态学的景观都市主义。对 20 世纪中叶历史先例的简要回顾受到将景观作为都市主义的启发，在这个思想框架中，景观取代建筑的传统角色，成为当代城市形态的主导媒介。极其重要的是，20 世纪中叶现代主义规划领域中俯视主题的出现相应地强化了景观作为分散式城市形态主要媒介的作用。

在大萧条时期，赖特失去了恢复往日作为美国建筑师的尊贵身份，但说服了仅有的赞助人资助他对美国有机都市主义概念进行巡回展览。据介绍，在 1934 至 1935 年冬季，“广亩城市”理念在塔里埃森事务所由他的学生及学徒用一个大体量模型和其他辅助材料加以展示。虽然早在 20 世纪 20 年代赖特的讲座就证实了这个项目的前提基础，并在其于 1932 年出版的《正在消失中的城市》（*The Disappearing City*）中充分阐述，但“广亩城市”的模型和图纸在 1935 年的纽约城市（New York City）展览上才首次亮相（图 7.1 至图 7.4）。随后，赖特进行了广泛的巡回展览，并在后续出版物中进一步传播经典项目，包括“当民主建立时”（When Democracy Builds，1945 年）和“活着的城市”（The Living City，1958 年）。[4]

“广亩城市”的设想使美国人清楚地看到赖特对现代工业城市的严厉批判，将“广亩”定位为北美广阔无垠的居住环境中一种本土化的有机模式。为避免传统欧洲人将城市和郊区分隔开来的模式，“广亩城市”提出，将杰斐逊网格（Jeffersonian grid）作为交通和通信基础设施主要秩序组织系统。在近乎无差别的领土，县政府（由县建筑师领导）取代了其他级别的政府并

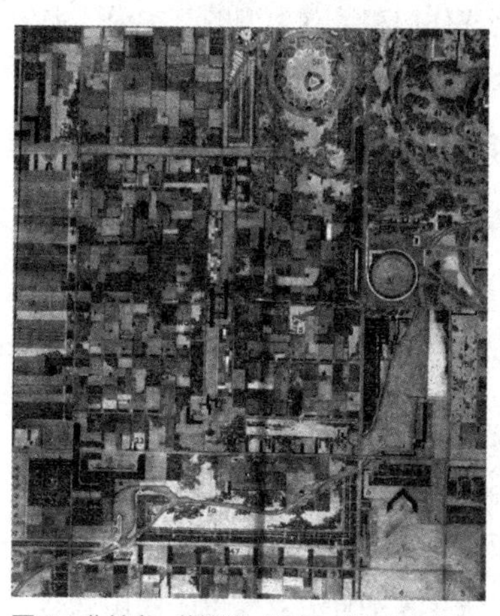

图 7.1 弗兰克 · 劳埃德 · 赖特，“广亩城市”，平面图，1934 至 1935 年

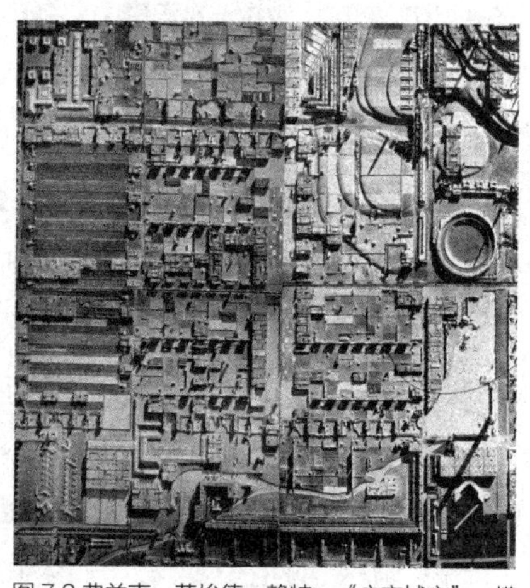

图 7.2 弗兰克 · 劳埃德 · 赖特，“广亩城市”，模型，1934 至 1935 年

图 7.3 弗兰克 · 劳埃德 · 赖特，“广亩城市”，鸟瞰图 1，1934 至 1935 年

图 7.4 弗兰克 · 劳埃德 · 赖特，“广亩城市”，鸟瞰图 2，1934 至 1935 年

管理拥有土地的农民。赖特非常熟悉并赞同亨利·福特关于北美地区分散式定居模式的概念，其中与赖特所起作用最相似的是在福特的努力下形成的田纳西州流域管理局（TVA）。田纳西州流域管理局负责在整个地区的电气化过程中建造田纳西河沿线的水电站坝和高速公路，为未来的城市化发展奠定基础。[5]

享受一英亩土地的所有权是每个人与生俱来的权利，“广亩城市”[或“理想城”（Usonia），由赖特命名]中的居民都喜欢将现代住宅设置在有充足的生活花园和小型农场的背景中。各类规模住房和景观类型的基本模式中分布着轻工业、小商业中心、市场、公共建筑以及无所不在的高速公路，尽管该项目的密度极低，但大部分场地经过设计处理和开发。在一定程度上，这种人为建造和维护的景观有利于水系、地形特征或其他原生态条件。据推测，“广亩城市”从其中西部的源头到大陆边缘的推广发展将通过对当地气候、地理和地质学（如果并非文化或物质历史）不同程度的适应予以实现。在赖特的“广亩城市”之外，以往城市化地区的状况仍然是一个悬而未决的问题；可以预见，这些将是被废弃的地方，也再次印证了福特在此方面的主导思想。

赖特批判私有制、炫耀性消费和城市财富的积累，其很大程度上是“广亩城市”所表达的社会批判，因为严重的大萧条迫使破产家庭的农民逃离了中西部地区抵押的农场，以表对西部加利福尼亚和东部的抗议。[6]讽刺的是，由于对财富积累和投机资本破坏性影响的焦虑，赖特发现，福特对于区域基础设施的概念是美国有机城市发展模式的基础。在工业城市无休止地追求财富的背景下赖特的“广亩城市”起到一定的缓解作用，尽管美国城市正在迈向分散化的过程，其本身也受到福特主义生产分散化倾向的驱动。

在赖特“广亩城市”展览向公众开放四年后，1939年纽约世界博览会（New York World's Fair）上特别推出了由通用汽车公司（General Motors）赞助的“明日世界（World of Tomorrow）”展览。作为通用汽车公司“公路和地平线”（Highway and Horizons）展馆的核心部分，“未来世界馆”（Futurama）展览展示了一个分散化的美国都市主义模型，是理性规划和技术最优化公路系统相互作用的产物。由美国工业和舞台设计师诺尔曼·贝尔·盖迪斯（Norman Bel Geddes）设计的“未来世界馆”是迄今为止在展览上最受欢迎的亮点，在两个季节吸引了 20 多万的观众。[7] 在 1939 至 1940 年之间展示了一张 1960 年左右分散化美国中部大都市的鸟瞰图。从高空俯视的观众，通过悬置的移动汽车看到了一个尺度巨大的北美中部城市（圣路易斯）的模型，该鸟瞰图展示了城市未来可能的形象。盖迪斯的模型俯视策略充分利用设计师关于北美景观所做的大量航拍研究，同时创造了基于私家车盛行时代最佳的分散化城市形象。对仍然生活在大萧条效应影响下的观众来说，大众空中旅行模拟本身是一个乌托邦设想，许多人坚持认为它象征着精英主义和过度浪费。这种特殊的观察模式使技术进步和个人自由通过鸟瞰观察者的巡视目光而具体化。呈现在数百万观众面前的是一个分散化城市模型，虽然最初还存有疑虑，但最终都予以认同这种模式。空中和地面作为鸟瞰观察主要的展示空间，旨在通过技术和革新实现更大的个体自由，而这所有研究全部由通用汽车公司慈善赞助。[8]

盖迪斯提供的城市鸟瞰形象展示了一个通过国家多车道高速公路网实现的机动交通分散系统。这些高速公路绕过城市中心，以便迅速到达周边的郊区，通过入匝道和出匝道的工程化系统设计提高安全性，并通过速度和方向分开行车道，简而言之，展示了一个二战后大量作为民防和军事基础设施的美国州际高速公路系统未来可能的形象。次年，盖迪斯在《神奇的高速公路》（*Magic Motorways*）（1940 年）一书中提出了设想，记录了未来世界馆的展览并倡导建设国家公路系统。[9] 该书明确将技术进步（通过效率、安全和行动自由来实现）和最终分散化的北美居住模式相结合。正如赖特的“广亩城市”，盖迪斯的“未来世界馆”倡导未来的分散化城市布局，并创造一种俯视主题的模式，进而使公众理解并认可他的提案。无论是“广亩城市”和“未来世界馆”都预示着便捷、经济的空中旅行时代的到来。在展览中，大萧条时代的观众受邀沉浸在异国情调的俯视世界中；项目将鸟瞰与技术进步和民主价值联系起来，使观众预想一个未来在地面上实施的分散化城市模式。[10]

虽然从帕特里克·盖迪斯到伊恩·麦克哈格（Ian McHarg）悠久的区域规划实践历史明确指明了这种潜力，但希贝尔塞默的“新区域模式”（New Regional Pattern）从这个普系中分离出来，为市政工程和人为生态的一种复杂文化融合创造条件。希贝尔塞默的有机城市秩序概念使城市和农村之间的根本差别变得无关紧要，批判了工业城市及其附带的社会弊病。他倡导的模式大量利用花园城市以及区域规划的先进经验，提议重新布局大都市区（图7.5至图7.7）[11]

很显然，希贝尔塞默“新区域模式”的构建是基于规模较小的居住单元，

图7.5 路得维希·希贝尔塞默（规划师），阿尔弗雷德·考德威尔（绘图师），城市景观鸟瞰图，1942年

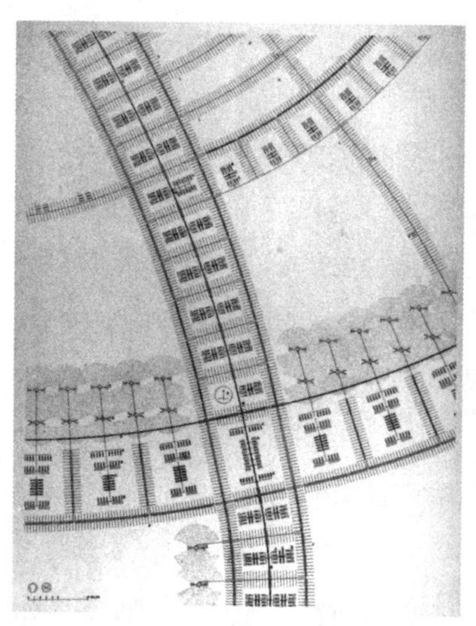

图 7.6 路得维希·希贝尔塞默，城市规划系统(变量)，规划图，摘录自《新区域格局》(保罗·西奥博尔德，芝加哥，1949 年)，163，图 107

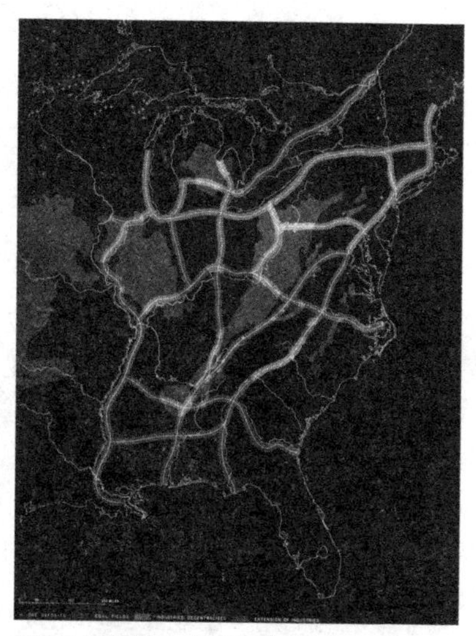

图 7.7 路得维希·希贝尔塞默，新区域格局，规划图，摘录自《新区域格局》(保罗·西奥博尔德，芝加哥，1949 年)，142，图 93

一个由住房、农业、轻工业和商业组成的半自治集合。居住单元作为未来发展的基本模块，以一种合作式的生活 / 工作居住模式构成一个真正自给自足的步行社会单元。横向领域的尺度将行人尺度单元嵌入一个更大的以汽车为主导的基础设施中，由其所处的大环境系统来组织。行人步行距离和机动车所覆盖的大尺度之间转换明显与赖特的无尺度构想不同，邻里间的社会与居民关系体现了一种契约关系，而非住宅的空间位置关系。相比之下，盖迪斯的“未来世界馆展”示了一个分散化的城市布局，真实再现了最真实的当代景观类型，同时通过众多在郊区拔地而起的高楼群进行扩张。与此同时，这三位作者 / 建筑师的研究体现了其政治倾向上差异，希贝尔塞默提倡复杂的社会安排和集体性空间形式，而盖迪斯借助流行广告和政治传播，推出了一种企业宣传模式。赖特构想了一种无政府主义，生活其中的工人和农民作为一个更大的有机秩序框架下的居住个体，相对而言不受各种等级的社会秩序干预。整齐的俯视主题作为被北美分散化居住模式采用的最优民主方式特别引人关注，这主要是因为希贝尔塞默、盖迪斯和赖特拥有不同的政治和文化信仰。虽然赖特的“分散化城市主义”（disurbanist）理想可从许多后来实现的住宅项目加以理解，但“广亩城市”除了作为后来的“居住委员会通用原则”或个别建筑项目的形式设定以外从未被实施过。同样，希贝尔塞默在区域尺度上的有机城市主义方案从未完全实现，除了底特律拉斐特公园（Lafayette Park）的个案研究，但其中考德威尔（Caldwell）的景观界定了公共领域特征。[12]

希贝尔塞默和赖特的美国有机农业都市主义项目大多作为一种设想或通过各类战后郊区化项目获得公众认知。正如第六章中所述，后现代对现代主义者规划的批判抨击了希贝尔塞默提出的以景观为基础的城市模式，认为其终究是反城市的表现，他们通常将基于景观的城市设计方案认定为其无法胜任重建类似 19 世纪的街墙和街区结构。在这些批判中，乔治·贝尔德（George Baird）的观点最清晰有力，他在《表象空间》（*The Space of Appearance*）一书专列一章，题为“有机主义的渴望及其后果（*Organicist Yearnings and Their Consequences*）”。对贝尔德来说，希贝尔塞默的区域项目体现的有机主义传统可以追溯到苏格兰规划师帕特里克·盖迪斯（Patrick Geddes）及其对路易斯·芒福德（Lewis Mumford）的影响，甚至可能影响到后来麦克哈格（Ian McHarg ）于 1969 年出版的《设计结合自然》。[13]

意大利建筑师和城市设计师安德里亚·布兰兹（Andrea Branzi）的作品或许对于理解当代农业都市主义的潜能同样具有意义。布兰兹的研究复苏了将城市项目作为社会与文化批判这一悠久的传统。这种形式的城市规划项目并非简单的展示或“设想”（vision），而是对现有城市困境的一种揭示和描述。在一定程度上，布兰兹的城市作品呈现的并非乌托邦般的未来世界，而是针对权力的结构、力量和变换来塑造当代城市环境，进而做出社会批判，提出某种政治纪律。在过去四十年里，布兰兹的研究一直明确批判自由政策下城市发展带来的社会、文化和思想上的困境以及大多数城市设计和规划表达的政治理想。作为另一种可能的应对途径，布兰兹的许多项目倡导都市主义理念，通过环境、经济和审美的形式，从另一个角度对当代城市的衰败进行批判。[14]

布兰兹在佛罗伦萨出生并接受教育，在充满歌剧和马克思主义批判学术传统的文化环境背景熏陶下学习建筑学，由此，他的城市方案极具探索性，并作出某种文化批判。他第一次进入国际视野是作为阿基佐姆小组事务所（20 世纪 60 年代中期）的一员，事务所设在米兰，与佛罗伦萨“激进建筑”（Architettura Radicale）运动联系紧密。事务所的项目和“永不停歇的城市”（no-stop city）的文字（1968 至 1971 年）描绘了一种持续流动、变化且不稳定的都市主义。虽然，“永不停歇的城市”在某种程度上被认为是对英国建筑电讯派技术推崇者的讽刺，但同时是对一种没有任何品质都市主义的展示，即“零度”（degree-zero）城市化（图 7.8 至图 7.11）。[15]

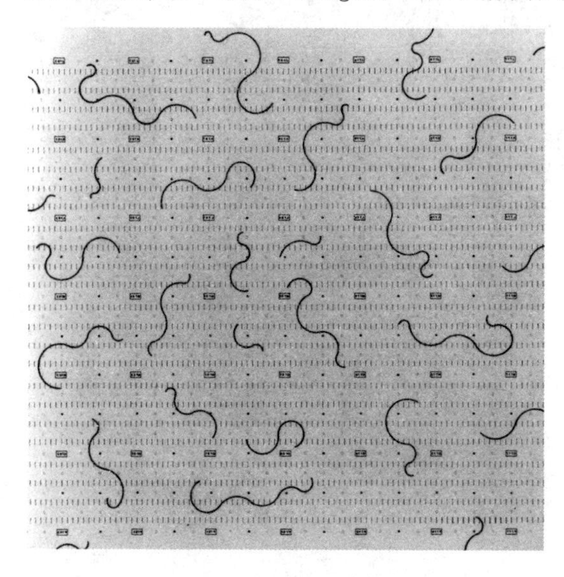

图 7.8 阿基佐姆事务所，安德里亚 · 布兰兹等，“永不停歇的城市”，规划图 1，1968 至 1971 年

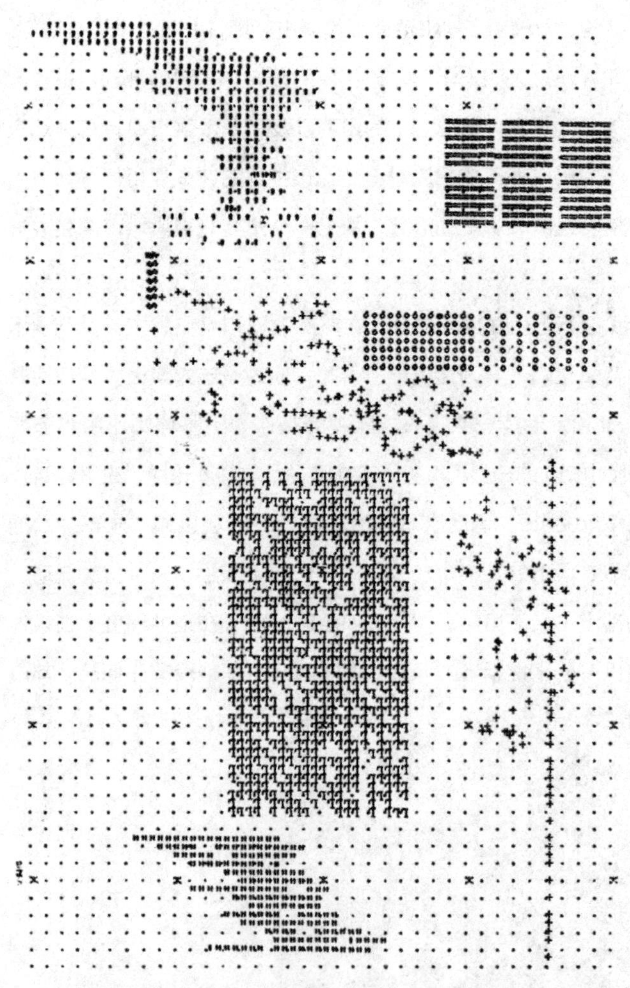

图 7.9 阿基佐姆事务所，安德里亚·布兰兹等，“永不停歇的城市”，规划图 2，1968 至 1971 年

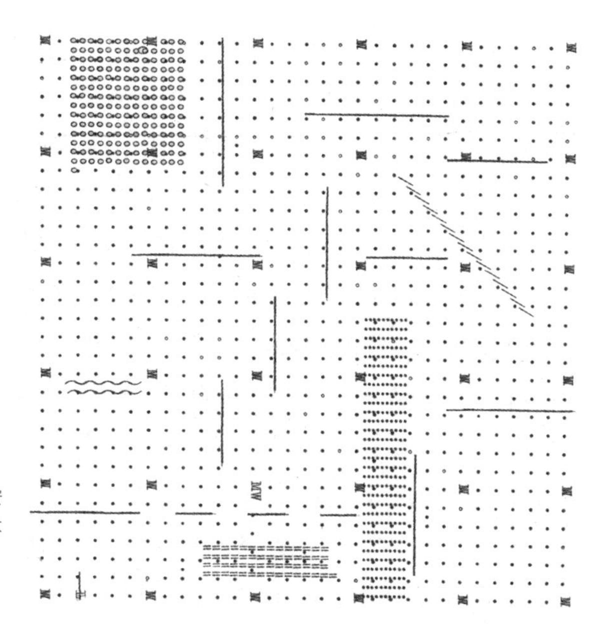

图 7.10 阿基佐姆小组，安德里亚 · 布兰兹等，“永不停歇的城市”，平面图解，1968 至 1971 年

图 7.11 阿基佐姆小组，安德里亚 · 布兰兹等，“永不停歇的城市”模型，1968 至 1971 年

阿基佐姆小组事务所的设计师用打字机在 A4 纸上敲击，对“永不停歇的城市”进行非图像化的规划研究，预示了对城市进行索引化和参数化表达的当代研究，展现了当前现代大都市持续的水平扩张，这种扩张是一种由强势经济和生态流塑造的表面。同样，图解与文本表明，当代城市学者和建筑师将基础设施与生态学的研究作为城市形态的抽象驱动力，进而从布兰兹的“城市智慧”中汲取了一些营养。许多受到布兰兹研究影响的城市学者和建筑师为景观都市主义的发展奠定了基础，从斯坦·艾伦和詹姆斯·科纳对场地条件的研究到亚历克斯·沃尔和阿里桑德罗·柴拉波罗对逻辑的关注。[16] 同样，布兰兹的城市项目也引发了都市主义和建筑领域对一系列话题的关注，包括动物、生物不确定性和类属等。

作为一种“非具象性”的都市主义，“永不停歇的城市”更新并打乱了非具象性城市规划设想作为社会学批判的传统，在一定程度上借鉴了希贝尔塞默的城市规划项目和理论，尤其是“新区域模式”理论及其生态都市主义原型。

无独有偶，布兰兹和希贝尔塞默都将城市看成是一种相互关联的力量和流动性的连续系统，反对将其仅仅看成是一种集合物。由此，对当代都市主义相关问题的重新讨论对生态都市主义的研究更具重要意义。布兰兹在二战后现代主义规划的社会和环境愿景与 1968 年政治之间起到了独特的历史纽带作用，那时他的作品首次为英语读者所知。正因如此，他的作品尤其适合为当前生态都市主义的探讨提供参考。

布兰兹的 Agronica 项目（1993 至 1994 年）展示了资本在土地的表层沿水平方向无止境地扩张，最终导致一种新自由主义经济范式带来的“弱城市化”（weak urbanization）现象（图 7.12）。此外，项目展示了农业与能源生产之间并行不悖的潜力，体现了一种后福特主义工业经济的新形式及其构建的消费文化。[17] 六年后的 1999 年，布兰兹（与米兰研究生院“多莫斯设计学院”）为荷兰埃因霍温 Strijp Philips 区实施了一个项目（图 7.13），

图7.12 安德里亚·布兰兹，丹特·多内加尼，安东尼奥·帕特里奥，克劳迪娅·雷蒙多，塔玛·本·大卫，多莫斯设计学院，Agronica 项目模型，1993 至 1994 年

图7.13 安德里亚·布兰兹，拉波·拉尼，埃内斯托·巴尔托利尼，Strijp Philips 区总体规划，埃因霍温，模型，1999 至 2000 年

融合了其作品常见的主题与精髓，展示了一个“新经济领域”，而农业生产是创造城市形态的一个主要因素[18]。

布兰兹的“弱城市化”项目与新一代城市学者对经济和农业作为城市形态驱动力的研究在主观批判方面形成一定的关联。他所提倡的“弱城市形态”与“非具象城市规划”已经影响了十年前就提出景观都市主义的人，并引发了对生态都市主义的进一步讨论。[19] 同样，布兰兹射影式且极具争议的城市发展提议为农业都市主义的主张带来了启示。

最近，皮尔·维托里奥·阿莱里（PierVittorio Aureli）和马蒂诺·塔塔拉（Martino Tattara）/ 道格玛事务所的“终止的城市”（Stop City）项目直接引用布兰兹将“非具象城市规划”作为一种社会和政治批判的形式（图 7.14、图 7.15）。[20] 阿莱里对建筑自主性的研究使其形成批判性的思维方式。与贝尔德一样，阿莱里坚持将政治目的融入建筑设计，并对“将景观作为都市主义的媒介”持怀疑态度。尽管如此，景观经常作为一种绿化的媒介，阿莱里把传统的欧洲城市规划项目作为一个个政治项目。同样，他对类型学作为城市形态的一种形态分析手段一直很感兴趣。

此外，阿莱里是博那多·赛奇（Bernardo Secchi）和宝拉·维嘉诺（PaolaViganò）的学生，赛奇和维嘉诺阐明了城市蔓延（città diffusa）的概念，解释了批判性理论和建筑自治传统与日益扩张城市形态之间的关联。赛奇将“城市蔓延”称为 21 世纪最重要的城市形态学。由此可见，赛奇和维嘉诺构建了一个理论框架，表明了政治立场，并提出了一套“将景观作为当代城市都市主义媒介”的方法论。[21]

从“将景观视为都市主义”的当代视角来看，该思想系谱中提出了许多重要的观点。首先是将项目内容或规划作为一项社会议程，这从独特的政治视角可以证实。虽然“未来世界馆”堪称一种大众娱乐的企业广告，但“广亩城市”和“新区域模式”被认为是对传统工业城市中社会病态、经济不公

图7.14 皮尔·维托里奥·阿莱里和马蒂诺·塔塔拉/道格玛事务所，终止的城市，鸟瞰拼贴画，2007至2008年

图7.15 皮尔·维托里奥·阿莱里和马蒂诺·塔塔拉，典型平面图，“森林冠层”，2008年

和不健康环境的批判。两个项目都提出，限制工业、农业和住房的尺度规模，以便在工作、家庭、食品和居民生活之间建立有意义的联系，同时，针对社会不公和纯资本主义的病态发展问题提出了补救措施，旨在通过社会空间的影响限制私人所有权、财富积累和投机等一系列问题。

三个项目都提出了激进的分散化概念，并不像“未来世界馆”，简单地描述一种成熟的福特主义工业经济，而是将其看成是北美居住模式的有机条件。在其他相关研究中，赖特和希贝尔塞默将现代大都市的失败归因于暗藏在有机关系中的一种危险且无法容忍的矛盾，这在漫长的西方景观历史中显而易见。在这方面，赖特对有机建筑的关注，体现在对美国中部地区进行区域性探索，而希贝尔塞默则把有机都市主义放在现代工业经济本身的背景中来讨论，这与赖特对区域适应模式的关注截然不同。在这两个例子中，赖特和希贝尔塞默的有机都市主义模式与自然选择理论之间界限模糊，因此有必要对其进一步研究。

每个项目为凸显“分散化”的特色，都维持了建筑师的重要作用，特别是作为公众人物参与政治和规划决策的作用，但很大程度上取决于大幅减弱的建筑作为公共或市民阶层主要媒介的角色。然而，“广亩城市”“新区域模式”和布兰兹的“农业都市”都提出了景观作为建构现存自然环境和工程基础设施系统之间关系的媒介，以及农业基础设施在更新和重新定义公共和私人空间秩序的作用，进而摆脱了景观媒介被归入装饰艺术或环境科学的束缚。这很大程度上是由于景观能够实现跨尺度工作，并在更大的区域环境和社会背景之间构建有意义的关联。这种潜能和可能性体现在希贝尔塞默使用各种尺度的场地、庭院和花园将家庭生活与连接彼此的大型公共公园联系起来，而赖特的项目更加重视把家庭农业作为每个公民日常生活的要素。在“广亩城市”中，菜园被小型合作农场和市场所代替，形成了由各种尺度的农业基础设施构成的公共景观，而居住单元则构建在行人尺度的公园绿地上，进而形成了私人庭院和半私人庭院的融合。三者对公共生活概念不同的理解，其显著差异体现在公共景观中扮演的角色：对赖特而言，它是生产性农业用地；对盖迪斯而言，它是广阔的公园道路景观；对希贝尔塞默而言，它是被利用的公园用地。在当代视角下，这些策略带来的集聚效应是，个体的居住环境、大量的市政公共基础设施与其生态环境形成了更加成熟、明确的关联。

本章列举的每个项目都与20世纪中叶对城市规划的推动作用有关，同时预示着俯视主题作为民主分散化的北美都市主义栖居模式逐渐兴起。此外，市政工程和公共项目在创造新公共空间方面扮演着全新的角色，主要通过机动车及其环境而营造空间体验，取代了步行街和公共广场作为公共空间基本组成单元的传统角色。作为俯视主题时代的必然趋势，这同样预示着大众传播、广播媒体和电子通信的到来和普及。正如下一章所述，景观作为都市主义媒介与特定形式的俯视主题和表现之间的紧密关系具有悠久的历史由此，景观应作为一种都市主义的媒介，如同机场本身也已成为景观都市主义研究的主题和对象。

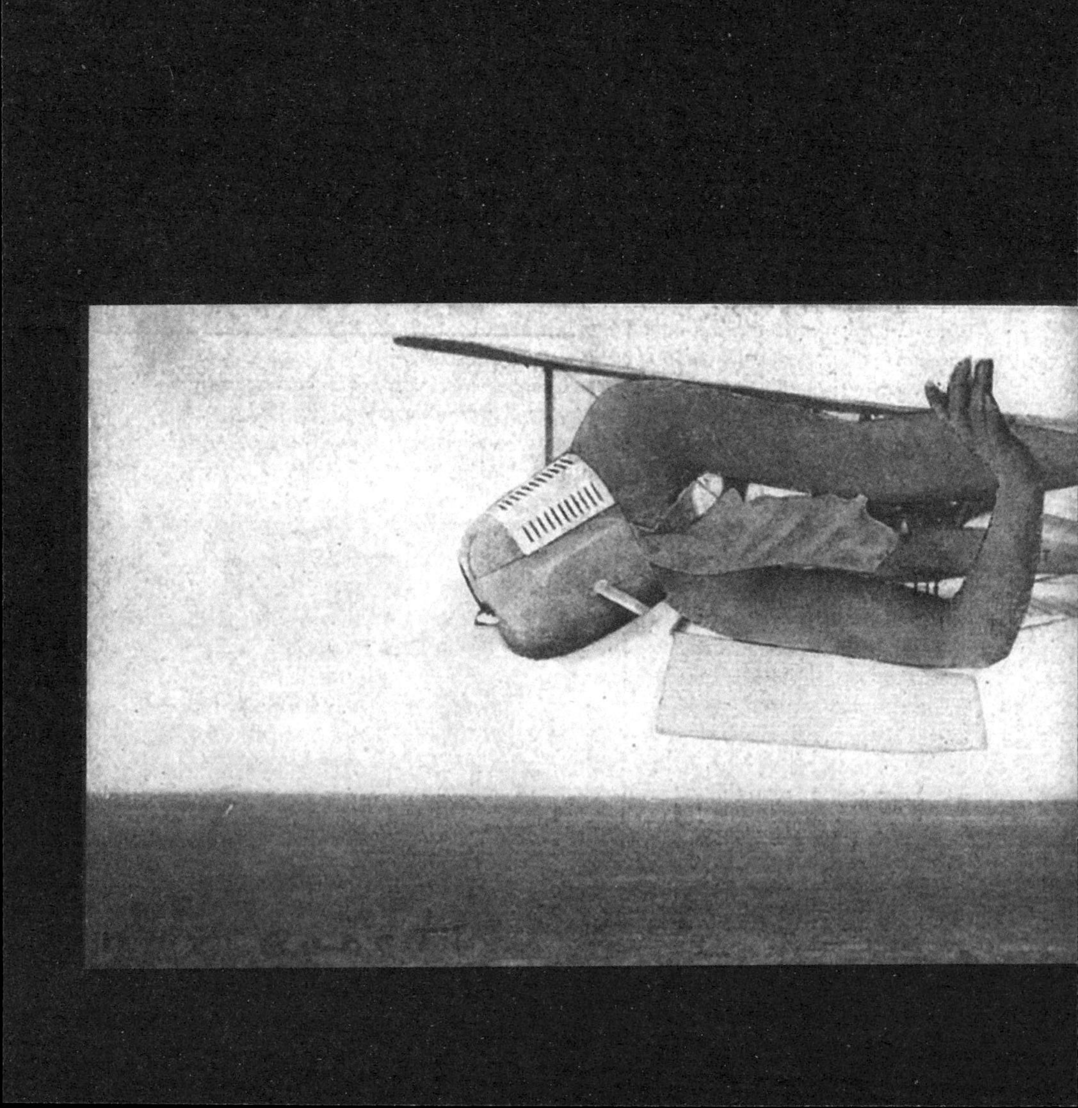

篇章总图　马克斯·恩斯特，无标题（杀人的飞机），照片，1920 年

第八章　俯视表现和机场景观

如果传统边界的消失是20世纪末最突出的空间特征，那么机场将成为景观最完美的表达。

—— 丹尼斯·考斯格罗夫（Denis Cosgrove），1999年

当代受工业经济转型的影响，景观作为城市媒介和研究模型。有关景观都市主义的大量议题是紧随“以往的工业”和“以往的城市”议题之后而产生，与快速城市化和经济增长有着很大的联系。本章主要考察景观都市主义议题的其中一个方面：俯视表现的出现以及随之而来的趋势，即将机场视为一种景观。这一主题并非讨论景观作为净化有毒工业场地的媒介，而是更多的讨论景观都市策略在组织机场及其附属用地时的潜力。

在景观都市主义的讨论中，景观的概念已经不再是风景优美的景象，而是在高度管理之下，最适于从俯视角度观看和规划的土地表层。如果景观曾经代表一种对不可知或不能驯服的荒野的抵抗，一种具有自我意识的空间营造行为，那么现在的景观已变成一种通过多种远距离俯视表现的视角，在已知或至少可知的地球表面进行的设计实践。地图和规划是关键所在，航拍照片也同样重要。[1]

18 世纪晚期至 19 世纪，照相机技术开始发展，从高空拍摄照片逐渐成为大型景观摄影项目中的一个小类型，并开始为一小部分人所痴迷。[2]，如果认同罗兰·巴特（Roland Barthes）的观点将涅普斯（Niepce）拍摄的沐浴在阳光中的餐桌（约 1823 年）视为第一幅照片，那么也可以将该作品作为第一幅景观摄影。[3] 第一个从空中拍摄的摄影作品属于另一位法国人加斯帕德·菲利克斯·陶纳乔［（Gaspard Félix Tournachon，也称纳达尔（Nadar）］。1858 年，纳达尔几乎赤裸的在他的戈达德气球黑色幕布后面成功地从空中拍摄了照片（图 8.1）。在纳达尔拍摄巴黎马斯校场照片之后的十年，摄影技术不断提高，并在 1868 年拍摄奥斯曼城市改造时达到技术的顶峰。这些从气球中拍摄的巴黎奥斯曼式改造的照片，第一次从空中俯视的视角，通过被林荫道、排水沟、公园和其他构筑物切割后呈现的城市肌理展现了城市的秩序。[4]

从纳达尔拍摄第一张空中照片（1858 年）到埃菲尔铁塔建成后成为大众空中观景平台（1889 年）的三十多年间，游览气球为巴黎观众以及旅行者提供了一个早期进行空中观景的方法。在美国，乔治·劳伦斯（George Lawrence）利用风筝拍摄的照片，记录了 1906 年旧金山地震时城市被破坏的场景，而且早在美国怀特兄弟发明飞机之前，已经有了美国东部海岸城市、市政公园和一些自然景观的空中摄影。[5] 最终，巴黎埃菲尔铁塔的观景台会被大规模建设的巴黎机场所替代，最先建成的是勒布尔热机场（Le Bourget，1918 年）。1927 年，林德伯格（Lindbergh）完成了首次独立横跨大西洋的飞行，航班在夜间到达巴黎郊外的勒布尔热机场，成为伴随航空事件而来的盛大场面。这种大众航空观览文化激发了勒·柯布西耶的热情，并且在其著作《飞行器》（*Aircraft*）中记述了作为航空观览者在巴黎郊外的体验。最终，勒·柯布西耶和其他现代城市主义者提议将“俯瞰”作为一种分析和干预的方法（图 8.2）。

图 8.1 纳达尔，第一次乘坐热气球时在马斯校场上空拍摄的照片，巴黎，第一张鸟瞰摄影，1858 年

图 8.2 勒 · 柯布西耶，飞行器，鸟瞰摄影，1935 年

这些图像显示的内容展现了人们对航空器的极大热情，而本书思考了俯视性观察在揭示城市规划的失败和新的概要式规划潜力时的应用。这些不掺杂个人感情且从俯视角度拍摄的城市图像为柯布西耶提供了揭示传统城市走向衰败濒临死亡最有力的证据。在利用这种俯视表现方式揭露 20 世纪城市化状况时，他本可以得出结论，即“由飞行器揭露出来的”。[6] 有趣的是，正如柯布西耶所暗示的，俯视性的城市图像恰好缺乏一种如画式的情感触动，在理解其潜在的应用方式的基础上，它便成为城市规划的一种独特的工具。[7]

虽然早期航空摄影效果非常糟糕，并且更多的是将城市作为一个物体来关注，但随着摄影技术的进步，通过飞机进行俯视表现已经从早期的尝试发展成具有集体性潜力的新形式。最终，这种新的观看形式将为更多的旅客所体验，并产生更多接受这种景观的新的受众群体。与航空摄影一样，如今大规模的航空旅行产生了不同以往的现代感知模式。这与之前基于地平面视角的感知模式大小不同。这种形式的主观性已经影响到一系列文化实践，这类文化实践通常基于“俯瞰”的主题概念，并将受众视为消费者。

在第一次世界大战期间，航空摄影作为一项专业技术，被应用于展现不断变化的战争场景，超越景观而成为监视、控制和预测军事力量的代名词。这种从空中进行观察的能力催生了一种特殊的人类主体性，既存在于未来主义者的描绘中，又存在于苏联以及法西斯的宣传中。[8] 使用航空摄影，拍摄大规模集会，并通过这种感知—表现—投射（perception–representation–projection）的机制展现国家权力，这成为法西斯分子的主要宣传工具。这种权力体现在大量复制和传播俯瞰图像，投射并感知一种新形式的集体主体性。

20 世纪航空摄影技术的完善很大程度上依赖于军事应用所带来的资金投入、实践经验和理论原理的发展。其中，监视、反监视和伪装等军事技术提供了一系列最直接的应用性研究，这些研究对建筑和自然环境的俯视表现产生了巨大的影响。[9] 由于这些技术的开发由军方负责，因此资金充足，专业技术力量雄厚，并享受一系列政策扶植，而进行景观更新躲避空中观察可以视为航拍图像自身发展的另一面。虽然 20 世纪下半叶大部分军事伪装来自视觉艺术家、装置设计师和建筑设计师，但战后的反侦察技术开始越来越多地变成军事监视技术人员和专家的职能范围。随着超音速间谍飞机、洲际导弹和空中侦察卫星的发展，冷战成了一种借口，其真实目的在于进行全球性的地表监控。[10] 这种利用高空轨道对地球表面进行持续性监控的做法一直延续到今天，并愈发普遍（图 8.3）。

从 20 个世纪五六十年代开始，已经有少数的机构开始将数字化媒体与景观结合在一起进行研究。其中最早的研究机构是 20 世纪 60 年代中期在哈佛大学创建的计算机图像学实验室（Laboratory for Computer Graphics）（图 8.4、图 8.5）。[11] 该实验室设立在哈佛大学，由福特基金会资助，致力于探索数字化应用程序和计算机图形学在美国社会、空间和城市问题中的应用。1965 年，哈佛大学已经拥有一台由（旧时数据编码中用的）穿孔卡组装而成并将其线性排列进行数据处理的超级计算机。虽然以现代的标准来看这项工作还处于初级阶段，但实验室开发了一系列硬件和软件，揭示美国城市面临的挑战。从 1967 年开始，视频作为一种记录和传播的手段，在实验室中予以使用，例如，20 世纪 60 年代后期开始实施的 SYMAP 项目就使用视频来制作动画。[12] 在其中一个应用中，视频用来图解密歇根州首府兰辛（Lansing）的发展过程。这些早期利用视频发展数字化模型技术的尝试主要关注社会、环境和城市所面临的挑战。

建立这个实验室的目标之一就是收集生态学、社会学和人口统计学数据，并进行数据的空间化处理。从这个角度而言，这个实

图 8.3 美国航空航天局（NASA），在阿波罗 8 上看地球升起，照片，1968 年 12 月 24 日

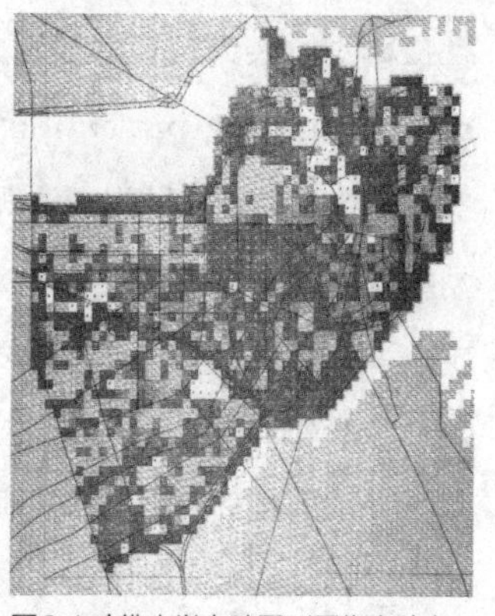

图 8.4 哈佛大学电脑图形图像实验室，数字化地图 1，1967 至 1968 年

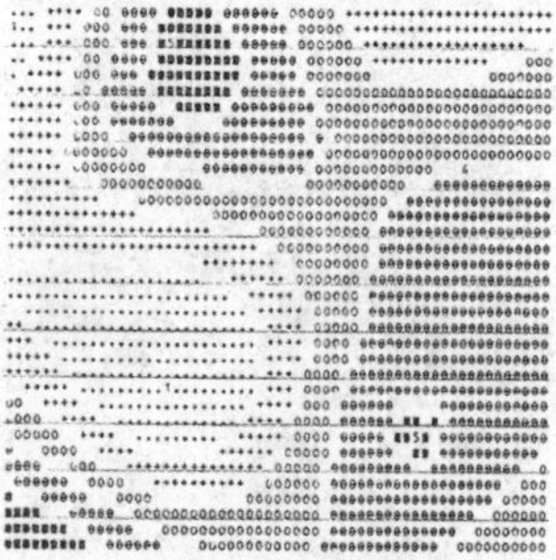

图 8.5 哈佛大学电脑图形图像实验室，数字化地图 2，1967 至 1968 年

验室与美国和欧洲一系列其他实验机构一样均试图利用计算能力进行数据的可视化处理，以更好地服务于制定社会政策和规划决策。卡尔·斯坦尼兹曾代表哈佛设计研究生院（GSD）的景观设计专业在该实验室工作，从事与景观规划有关的数字媒体工作。斯坦尼兹曾在麻省理工（MIT）与凯文·林奇一起工作，并获得了博士学位，从麻省理工毕业之后加入了哈佛大学的这个实验室。斯坦尼兹不再专注于林奇感兴趣的城市结构及其如何被人类感知的相关研究，而是建议将设计课程聚焦于大尺度生态和社会规划项目中计算机应用的潜力。[13] 几乎与此同时，宾夕法尼亚大学的伊恩·麦克哈格开发了与之类似的利用生态和社会数据进行图层叠置分析的方法（图 8.6、图 8.7）。[14]

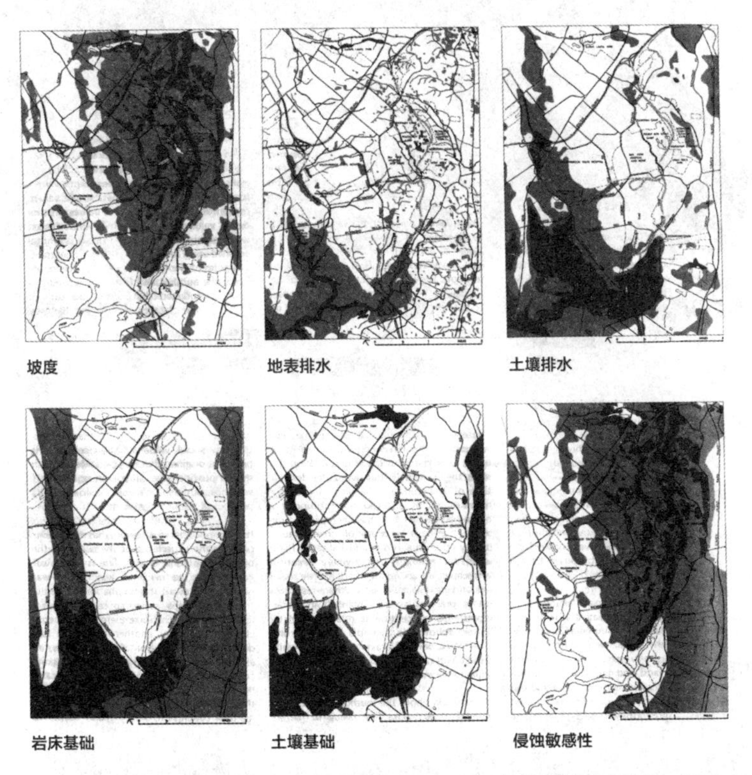

图 8.6 伊恩·麦克哈格，斯塔顿岛，纽约，叠加地图 1，摘录自《设计结合自然》，1969 年

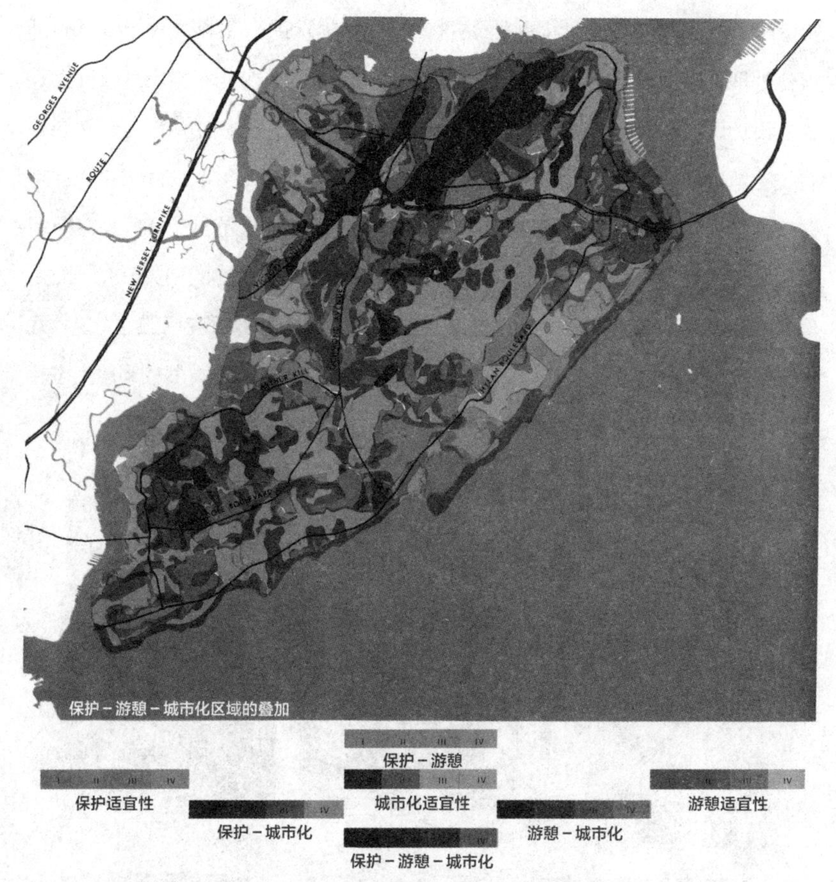

图 8.7 伊恩·麦克哈格，斯塔顿岛，纽约，叠加地图 2，摘录自《设计结合自然》，1969 年

实验研究人员的大量精力均投入到地图术（mapping）与模型构建中，并最终打造了诸如地理信息系统（GIS）的平台。研究人员绘制数字地图工作的目的是建立社会、人口统计学和人口数据的模型以及环境和生态的数据模型。然而，到 20 世纪 70 年代中期，实验室核心研究人员的数量缩减到 12 人，而实验室在顶峰时期曾拥有 40 多位研究和工作人员。实验室通过专利软件的使用授权获得收益，并将精力集中在 GIS 上。随着这些技术的转化，一些

诸如联邦、州和地区规模的公共部门也产生了对 GIS 以及相关服务的需求，部分实验室的成员进而成立了一些私营公司。[15]

整个 20 世纪 70 年代，实验研究人员致力于信息提取和人口统计学的研究，比如，建立更加稳健的自然环境模拟模型。20 世纪 70 年代后期，实验室与美国森林管理局进行合作研究，试图运用经验性的知识空间化模拟复杂的自然环境。这项工作旨在构建一个数字化模拟模型，其精细和稳健，进而体现自然界的复杂性、不确定性和自主更新能力。如今有许多不同版本的模拟模型以及众多与之相配套的软件和传统商业硬件能够取代实验室的那些专利定制软件，并且有许多机构从事着与实验室相同的通过数字化环境进行自然模拟的研究。

无论军事监视、属性描述还是环境分析，航空影像已成为一种科学工具和满足众多需求的首选方式。这些表现方式有时虽然看起来光鲜亮丽，但最主要的使用价值还是对全球经济信息进行量化数据的可视化处理。这些数据可以用来分析气候模式、土地利用、军事演习、自然灾害、人口普查以及其他各种形式的社会自我对象化信息（social self-objectification）。[16] 毫无疑问，这种工具性的俯视表现方式是一种展示特定环境的分析工具极具实用价值，但 21 世纪对俯视性图像的使用越来越多地将已有信息的分析与其未来可能的更新结合起来。投影看似中立和客观的量化信息具有的潜力可以从一系列快速的变化中反映出来，人口普查发展为人口控制，军事监视发展为干预，土地利用分析发展为土地规划，天气预报发展为应急管理。[17]

在过去二十年间，通过航空影像进行生态规划已经发展到认识论所及的巅峰。首先，无论计算机的发展速度和容量如何增长，自然界的复杂性都无法完全被模拟。其次，设计文化成为进行城市决策时所采用的框架。模拟模型背后的主要推动力主要基于以下假设：更加准确的自然界模拟模型、更加丰富的生态学知识有助于更好地制定社会和环境政策。这是从理性主义角度获得的认识，政策制定者如果希望更深入地了解环境和人口统计学信息，那么应该在进行建筑环境的相关决策时更多地考虑社会公平和环境健康因素。然而，不幸的是，虽然目前在规划实践领域数字化媒体越来越多地用来进行实证数据空间化和可视化操作，但美国的政治经济却开始偏向于自由放任政策，解除对城市化的管制。在过去的数十年间，南美的城市化持续快速增长，很大程度上是因为投机资本的驱动，以及缺少哈佛大学实验室和其他国际同行所研究的数字化规划实践模式。

在此期间，各种其他实践模式开始出现在后现代主义和景观设计的语境中，并替代了规划实践中应用的基于经验知识构建的数字化模型的范式。在对实证主义规划模式的批判中，詹姆斯·科纳认为，景观表达的核心是清晰的操作以及将景观视为设计媒介的想象力。詹姆斯·科纳是麦克哈格在宾夕法尼亚大学的学生，并受到麦克哈格图形叠置法以及地理信息系统在景观规划领域应用的训练。1996 年，科纳与亚历克斯·麦克莱恩合作出版《测量美国景观》（*Taking Measures Across the American*）这一极具开创性的作品，提出“将航空摄影与科学知识和文化因素进行结合考虑”，形成一种与“景观作为都市主义媒介”相匹配的具有后现代感的景观表现方式（图 8.8、图 8.9）。[18]

科纳在《测量美国景观》一书中建议将与地图结合的俯视性照片作为一种操作、监察、控制的现代工具，这种工具能够揭示文化与环境进程中的隐含关系并有助于为未来的项目建立一种新的框架。[19] 20 世纪以来的航空影像实际上已经改变了景观的定义，景观已经从前现代可以被测量的观看（view that can be measured）转变为现代的可以被观看的测量（measure that can be viewed）。这种转变从一种纯粹的视觉表现转变为一种指示性的记录（an indexical trace）。[20] 在这个意义上，俯视性照片可以作为一种展现水平领域状况的地图。

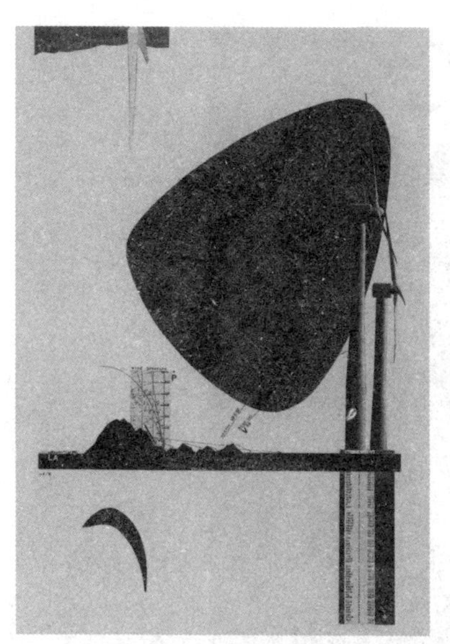
图 8.8 詹姆斯·科纳，风车地形学，蒙太奇照片，1994 年

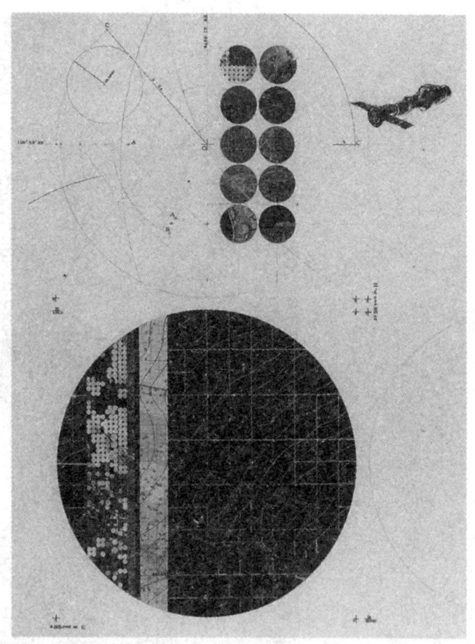
图 8.9 詹姆斯·科纳，旋转灌溉，蒙太奇照片，1994 年

在科纳关于场地运作景观设计事务所的构想中，包含一个引人瞩目的想象（imaginary）与实用（instrumental）的交集，体现在“平板”（flatbed）这一概念中，作为一种能同时进行表现和投影的机制。可以找到一些与景观俯视表达中对于“平板”的定义极为相似的概念，如列奥·斯坦伯格（Leo Steinberg）对“平板”绘画的定义和分析空中侦察照片时用到的“平板”看片台。斯坦伯格创造“平板”这一新术语用述画家罗伯特·罗森伯格（Robert Rauschenberg）将画面从一个复制身体感知的垂直表面转变为一个展现文化内涵的水平表面（图 8.10）。[21] 斯坦伯格将“平板”比作一台印刷机，是一个能够收集不同文化内涵的水平表面。同时，“平板”也是一个可视化表达的表面，如同每天的报纸，集合各种毫不相干的内容，拒绝直立姿态和视觉逼真的人本主义假设，支持不确定的多元化符号学意义。[22] 同样重要的是，手工制作的可视为独创性手工艺品的画面转变成失去气场和作者信息的机械

图 8.10 罗伯特 · 劳森伯格，第三次印刷，蒙太奇照片，1961 年

化平板（照片或文字）[23]。这种解读将可视化表达作为符号学而非光学的表征，（可视化信息）感知的部位从视网膜区域转变成到人文语言形成的区域。这也暗示了通过一套文化内涵读取和写作的系统，感光乳剂上绘制的光线指示性轨迹变得意义非凡。

在当代实践中，以军事侦察为目的的远程卫星图像解析也是在同样的假设下进行操作。在“平板”看片台上，受过专门训练的分析师日复一日地注视着不停转动且展示地球表面的连续镜头。[24] 这些电影大片式的风景并非为了制造一些俯视主题的虚拟图像，而是被符号化地解读为具有指示性的，与运动模式、人类构筑物以及环境变化过程有关的线索。作为不同文化内涵汇集的水平表面，这些电影式的大片允许各种不和谐的并置，导弹发射场与大豆种植区，核电站事故与季节性的农作物燃烧，或秘密机场与区域性的农村道路。均质的或充满政治意味的，平凡的或错误的，都通过空中不可见的眼睛对地球进行日常采样而聚合起来。进行航空信息解读的平板看片台（现在已经被立式电脑显示器代替）将其自身视为记录的地表信息与解读的文化内涵偶然结合而形成的点。

作为空中观测的地点，机场自身的景观愈发受到关注，因此，空中观看对景观文化构建至关重要。景观实践在那些以前不被视为景观的场地中进行，这是（对景观内涵的）一种扩展。[25] 这种关于“什么是景观？景观应该在什么地方？”的转变表明当代景观的实践与其所处的文化背景是相互匹配的。在当代文化背景中，纯粹视觉维度的景观占据优势，例如，机场景观就是最不具有身体可达性的。视觉被放到首要位置，代替了身体的存在以及现象的体验和质感。

许多人对“将机场解读为景观”这种看似矛盾的观点产生了疑惑，但相关的深入研究表明，仅仅将当代的机场作为建筑或简单的城市基础设施进行设计并不能满足需求。如果不是连续性、精心设计、认真维护并且定期修整的景观，现代喷气机时代的机场应该是什么样？罗伯特·史密森（Robert Smithson）提供了一个从空中观赏的角度进行景观设计的案例。1966 年，史密森作为“艺术顾问”与蒂皮特（Tippetts）、阿贝特（Abbett）、麦卡锡和斯特拉顿建筑工程公司（McCarthy & Stratton Engineers）共同参与了新达拉斯沃斯堡国际机场设计（图 8.11）。作为艺术顾问，史密森受邀设计空中走廊或空中景观，这个景观设计要求能够同时从空中和地面进行体验，作为综合航站楼的一部分，旨在提供一个经过策划的代表性“透镜”，以解读景观的空中体验。史密森在《航站楼的发展》（*Towards the Development of an Air Terminal Site*）和《空中的艺术》（*Aerial*

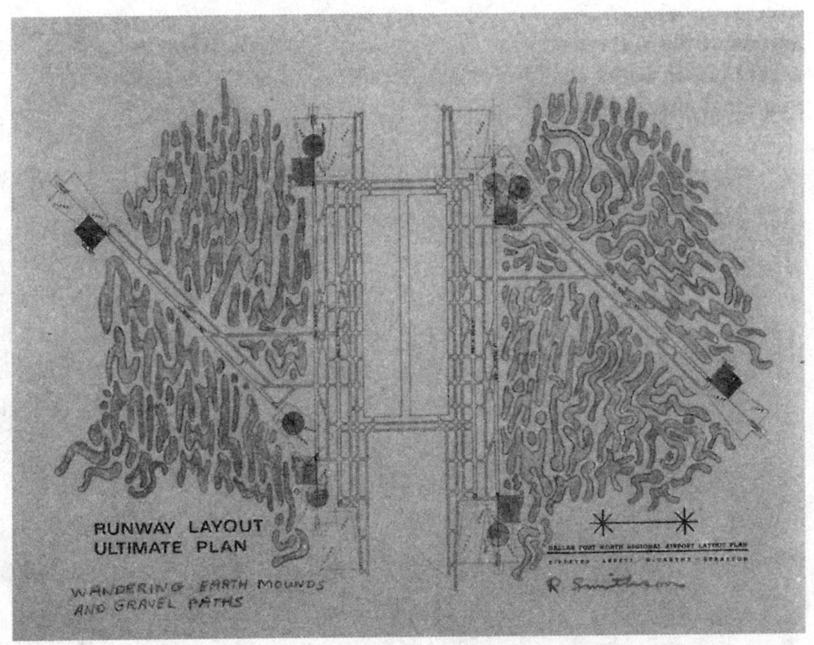

图 8.11 罗伯特 · 史密森，达拉斯沃斯堡国际机场，土堆计划， 史密森基金会版权所有，纽约，1967 年

Art）两篇文章中探讨了文化产生和接受的新形式及其理论潜力。史密森对空中走廊具体场地的表现方式以及随之而来的对这一场地的空中体验二者的辩证关系非常感兴趣，并产生了将“非场所”作为一种表达及影射的想法。空中艺术的概念及其将“非场所”作为表现机制的构想假定了当代景观实践空中观察的主题，这些观点尚需进一步论证。[26]

史密森提出的达拉斯沃斯堡国际机场“空中艺术”的建议并没有得以实施。在其之后，景观设计师丹 · 凯利（Daniel Kiley）受邀对此场地进行景观规划。凯利设计过一系列以“俯瞰”为主题的景观项目。在这些项目中，达拉斯沃斯堡国际机场（1969 年）和华盛顿杜勒斯国际机场（1955 至 1958 年）景观设计在喷气机时代机场类型演变的过程中显得尤为重要（图 8.12）。除了达拉斯和杜勒斯这两个景观项目，凯利还设计了至少两个独特的俯瞰花园，设计旨

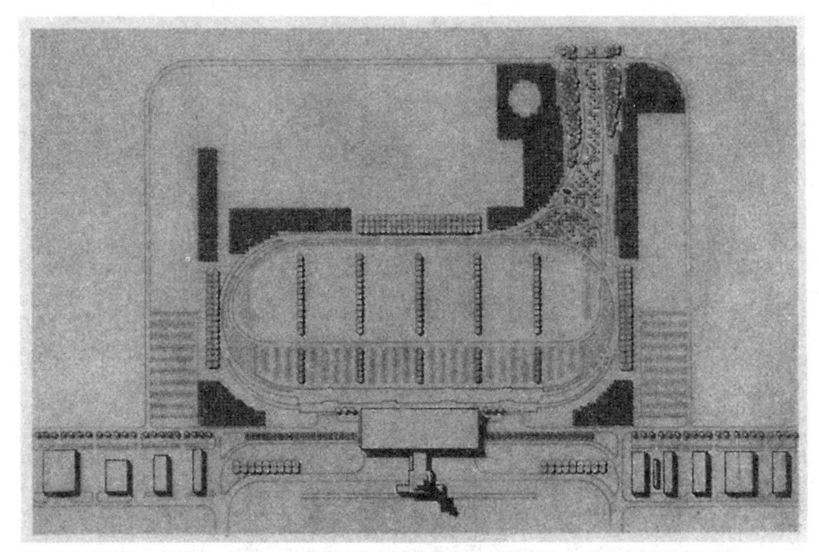

图 8.12 丹尼尔·乌尔万·基利，华盛顿杜勒斯国际机场，华盛顿州，1955 年至 1958 年

在从空中和地面都能够进行体验。花园均布置了通过小径和树列连接起来的大型水池，并且花园本身也相互连接。第一个花园的业主空军军官学校将凯利推荐给第二个花园的业主。第二个花园位于芝加哥湖滨，是一个不起眼的公共公园，同时也是自来水基础设施。凯利的空军军官学校校园景观规划（1954 至 1962 年）与沃尔特·纳什（Walter Netsch）和 SOM 建筑设计事务所合作，设计了一个巨大的“俯瞰花园”，作为校园的中心（图 8.13）。[27]

基于与凯利在空军军官学校项目中的合作，芝加哥建筑师斯坦·格拉迪奇（Stan Gladych）向负责怡和水过滤工厂项目的 C. F. 墨菲（C. F. Murphy）推荐了凯利，在此之前佐佐木英夫做的方案因“毫无可行性”而遭到拒绝。在水过滤工厂项目完成之后，由于凯利所做景观获得了很好的公众反馈，墨菲受邀负责这个城市历史上最大的公共工程项目，即奥黑兰国际机场的设计。但令人遗憾的是，墨菲并没有邀请凯利或其他景观设计师加入奥黑兰机场设计团队。因此，这个喷气机时代最重要的机场未能成功地打造出与其创新型建筑并驾齐驱的公共景观。

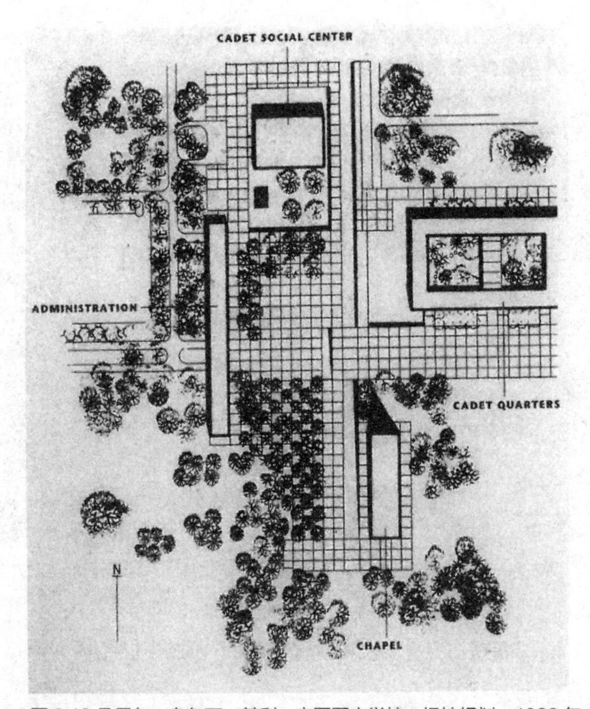

图 8.13 丹尼尔·乌尔万·基利，空军军官学校，场地规划，1968 年

此外，凯利与墨菲的公司还合作设计了芝加哥湖滨怡和水过滤工厂的另一个俯瞰花园。在这个案例中，花园的设计旨在为“悬崖住所”的黄金海岸高层公寓居民提供一个俯瞰的景观。这个项目包括怡和水厂本身的景观以及一个与之毗邻的公共公园。公园里有延伸至地平线的槐树林荫道以及末端悬挑的平台，具有典型的丹·凯利风格特色。公园的主要装置是一组五个的大喷泉，让人联想到五大湖。这些大型水池借用这里原本大量存在且看似平淡无奇但尺度夸张的功能性水处理设施。凯利的设计将水作为俯视性观景的主题，把公共工程设施与公共公园结合在一起。[28]

“机场作为一种景观”这一主题在近年来经常被提及，成为景观作为都市主义媒介讨论的焦点。近十年来，出现了许多将多余的机场转变成公园的项目，备受瞩目，其中也包括世界各地举办的一些公共公园国际设计竞赛。雅典国际机场在 2001 年从位于海莱尼孔（Hellenikon）的海滨机场转移到内陆的机场，这一转变使原来的海莱尼孔机场 530 公顷场地成为公园。这个项目的国际设计竞赛邀请设计师在多余的跑道之上设计公园，同时围绕这一场地构想未来的城市发展。这个雄心勃勃的计划在一片广阔的水平延伸、远眺大海的土地背景之中规划了住房、商业建筑和文化场馆。菲利普·凯歌涅（Philippe Coignet）的景观形态学工作室、DZO 建筑设计事务所（DZO Architecture）、埃琳娜·费尔南德斯（Elena Fernandez）、戴维·塞雷罗（David Serero）、阿诺德·德孔布（Arnaud Descombes）以及安东尼·勒尼奥（Antoine Regnault）的设计方案赢得了此次竞赛，方案设计了复杂的波浪形景观堤坝，穿越原来平坦的机场并将高处的居住社区与低处的海岸重新联系在一起（图 8.14）。这一切割与填充的策略一方面调和了机场的巨大尺度与经过独特设计的景观空间需求之间的矛盾，另一方面有助于疏导快速流动的地表水流和缓慢通行的穿越公园的步行者。一个贯穿整个地形结构的复杂植物演替统计图表用于记录公园从最初有序的布局到缓慢地让位于自我调节的丛林生态系统的全过程。这个雄心勃勃的计划虽然尚未实现，但提供了一个激动人心的案例研究，展示了景观都市主义的潜力和废弃的机场重新成为公园的可能性。[29]

当斯维尔公园也是雄心勃勃的废弃机场场地回收项目之一，坐落于多伦多一个原本废弃的军事基地。场地周边原本属于多伦多（加拿大最受欢迎的城市）城市郊区，但现在已发展成城市的一部分，在快速老龄化和城市化的背景下，这一项目通过两个阶段的国际设计竞赛在先前的军事基地上建造一个公共公园（图 8.15）。当斯维尔公园项目是冷战结束后“和平红利”的一种体现。这个军事基地自 20 世纪 40 年代投入使用，半个世纪以来用于多种军事航空用途，于 20 世纪 90 年代废弃，之后开始出现在各种公共讨论中。这片场地在

图 8.14 菲利普 · 凯歌涅，景观形态学工作室，雅典 Hellenikon 机场公园设计竞赛，平面图，2001 年

图 8.15 伯纳德 · 屈米，当斯维尔公园，多伦多，效果图，2000 年

第二次世界大战之前属于人口集中区域的外围，战后的“郊区城市化”浪潮吞没了这片区域。如今，这里接近多伦多的城市中心。通常机场建在地形平坦无明显生态特征的地带，当斯维尔也不例外。机场设计选址于地势较高、干燥但相对平坦的开放地带，处于该区域两条重要河流流域之间，一条是向东流的顿河（Don River），另一条是向西流的亨伯河（Humber River）。

詹姆斯·科纳和斯坦·艾伦设计的当斯维尔项目决赛参赛方案，堪称机场作为景观公园的典范，同时也是景观都市主义的经典案例。这个项目绘制的发展阶段、动物栖息地、植物演替、水文系统详细图解以及方案、规划组织方式都堪称经典，是迄今为止此类项目的标准模式。特别引人注目的是，项目体现了当代城市自然生态与社会、文化和基础设施在不同层面的复杂交织关系。[30]

库哈斯 OMA 事务所和伯纳德·屈米的参赛作品也进入当斯维尔公园竞赛的决赛。在这个项目中，两人的命运发生了历史性逆转，二十多年前他们恰好是拉维莱特公园竞赛的第二名和第一名。库哈斯 OMA 事务所提出了可具象的设计方案，当斯维尔设计方案“树城”获得了竞赛受到了舆论的好评并付诸实施。伯纳德·屈米更纯粹、更富层次化、更具挑战性的方案无疑在建筑文化领域产生了更大的影响，特别是在信息时代改变了对“自然”的理解和界定。屈米的方案“数字与狼”通过计算机模拟了一个十分有趣的城市事件，这一模拟包括细节丰富的植物演替图解和在看似荒凉的大草原中播种外界城市性的过程（图 8.16）。屈米在当斯维尔公园项目中的立场与他当初在拉维莱特公园中的设计理论相一致。这两个项目均建立在对 19 世纪奥姆斯特德模式根本性批判的基础之上，这种模式提供了一种对景观的全新理解，即景观与显著的“全球城市化”相关联。屈米在项目介绍中写道：“无论主题公园还是野生动物保护区，当斯维尔公园的设计都不会再使用那些传统的公园构成方式，如沃克斯式、奥姆斯特德式等。机场跑道、信息中心、公共表演场地、互联网和全球网路接入，这一切都指向一种对已有公园、自然和

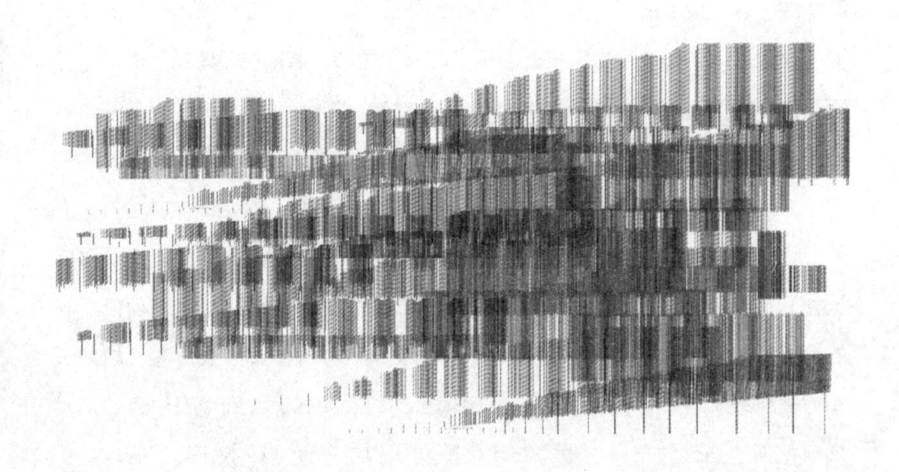

图 8.16 伯纳德 · 屈米，当斯维尔公园，连续性图解，2000 年

娱乐概念的重新定义，在 21 世纪的设定中，所有地方都是‘城市’，即使是在荒野之中。”[31]

当斯维尔公园成为典范之后，许多国际设计竞赛都邀请景观和都市主义者为世界各地的废弃机场提供建议。这些机场改造项目包括近期的德国柏林机场（2012）、冰岛雷克雅维克机场（2013）、厄瓜多尔基多机场（2011）、委内瑞拉加拉加斯机场（2012）、摩洛哥卡萨布兰卡机场（2007）、中国台中机场（2011），这已成为一种趋势。在这些项目中，每个最终入围的方案都体现了景观都市主义实践的诉求。艾尔科 · 霍夫曼（Eelco Hooftman）的 Gross.Max 景观设计事务所赢得了柏林滕珀尔霍夫机场改造项目设计竞赛；亨利 · 巴瓦（Henri Bava）的 Agence Ter 景观设计事务所进行了卡萨布兰卡机场的改造；路易斯 · 卡列哈斯（Luis Callejas）重新设计了基多和加拉加斯机场；克里斯 · 里德（Chris Reed）的 Stoss 景观设计事务所从景观都市主义的角度对中国台中 Gateway 公园进行了设计，这些都是景观都市主义在废弃机场领域实践快速发展的印证。

显然，废弃机场改建为大型景观项目体现了景观都市主义具有的潜力，但更具挑战性的设想是如何将运营中的机场作为一个独立的景观？最具综合性和概念性，探索将运营中的机场作为一个人工景观进行设计的挑战性项目是 West 8 景观设计事务所所做的阿姆斯特丹史基浦国际机场总体规划方案，致力于将运营中的机场作为一个人工景观进行设计，极具综合性、概念性和挑战性。[32]

West 8 景观设计事务所针对丹史基浦机场所做的设计方案雄心勃勃，放弃了详细具体的植物种植设计这一专业传统，转而设计一套整体性的植物种植策略，包括向日葵、苜蓿和蜂房。如此一来，避免了繁多的植物种类和精确的种植要求，为项目应对未来机场发展进程中的潜在变化提供了可能，在机场规划的复杂过程中将景观定位为战略合作伙伴，而非发展过程中不幸的受害者（虽然这种情况更为常见）。景观媒介被定位为一个应对未来不确定性的既开放又灵活的基质，这一观点回应了屈米在拉维莱特和当斯维尔项目中的论述，也重申了景观都市主义的主张。事实上，尽管飞机跑道往往是最持久的城市构造，一旦建成很少被拆除，但运营中的机场、航空港本身及其周边的城市土地都面临着几乎持续不断的建设、拆除和更新。在城市不断延展、不断变化，尤其是城市化提供了巨大的水平场域的背景下，景观为城市秩序的构建提供了一种媒介和模式。

哥伦比亚建筑师路易斯·卡列哈斯（Luis Callejas）是一位都市主义倡导者，致力于实现“将机场打造为人工景观”的梦想。在一系列极具挑战性的项目中，卡列哈斯提出了“航空影响下的新纪元”这一主张。早在 2010 年，他针对由绿色和平组织发起的伦敦希思罗机场游击式退役项目提出“空中描绘”（Airplot）的构想（图 8.17），进而为废弃机场的运营提供了一系列方案。在厄瓜多尔基多市的拉戈公园（the Parque del Lago）设计方案中，将反光、

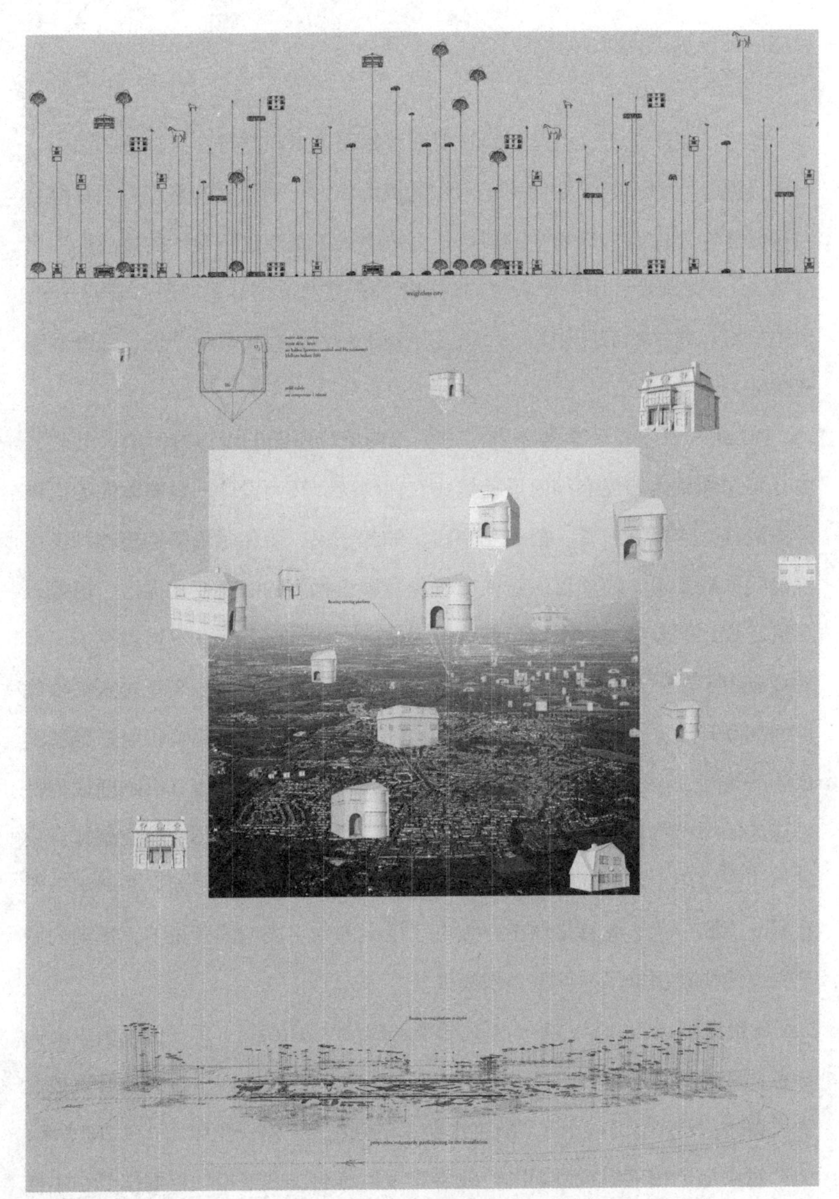

图 8.17 路易斯 · 卡列哈斯，空中图标，希思罗机场，英国伦敦，鸟瞰蒙太奇，2010 年

无边且延伸至废弃机场地平线的水池与曾经占据这一场地的飞机反光金属表面并置在一起。[33] 在伦敦希思罗机场等一系列极具专业设计难度的项目中，卡列哈斯提出“使用大量空中充气物阵列”的设想，包括将地面上的物体制成充气可漂浮的装置安装在场地中，这些装置是对希思罗机场场地以外地面物体的复制。此外，他的设想还包括巨大的图腾式构筑物，以纪念受到哥伦比亚伊图安哥水电站影响的社区。为了充分践行建筑设计理念，发明了充气式建筑物，将这种空中悬浮的公共景象展现在世人面前（图 8.18、图 8.19）。

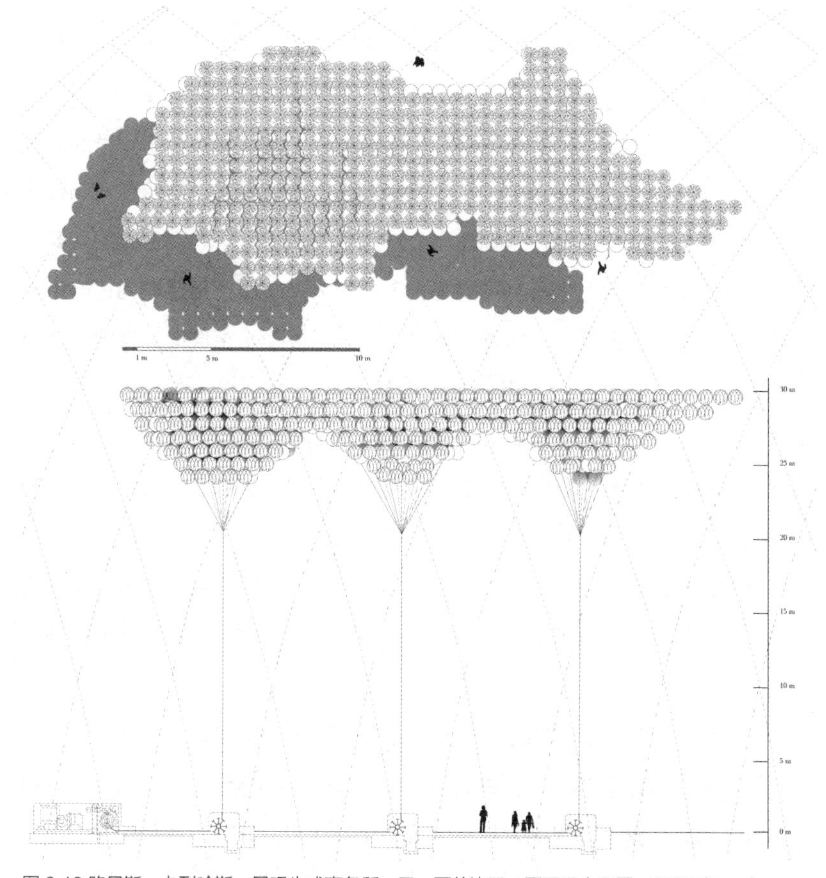

图 8.18 路易斯 · 卡列哈斯，景观生成事务所，云，哥伦比亚，平面及立面图，2009 年

图 8.19 路易斯 · 卡列哈斯，景观生成事务所，云，哥伦比亚，效果图，2009 年

卡列哈斯将景观作为一个多元团体工作的框架，表达了当代设计文化的生态需求，以及应对多元化国际环境的构想。他对空中景观感兴趣，可能与“当代建筑关于核心与表现的讨论”有关。这些项目，尤其是致力于思考建筑及其场地问题的建筑师所提出的设计理念和运用的建筑语言，展示了对当代建筑文化的深刻理解。从这一方面而言，卡列哈斯的工作与前文提到的穆萨维与皮诺斯、柴拉波罗与米拉列斯的工作不谋而合。这些项目都致力于建筑与周边场地的融合，甚至在更极端的案例中让位于复杂水平层面的构建。如果将卡列哈斯的工作与昂格尔斯 – 库哈斯体系（Ungers/Koolhaas axis）以及“绿色群岛”（green archipelago）的当代潜力联系在一起来思考，那么将大有裨益。[34] 卡列哈斯与昂格尔斯都对完全非常规概念的“场地”表现出特殊的兴趣，其中一种“场地”通常被理解为岛屿，无论处在内陆还是海洋。然而，与完全脱离或刻意回避背景环境的项目相比，卡列哈斯的项目通常非常彻底地阐明本身的“在地性”，从而揭示一些被隔绝于大地域环境之外的潜在的、当地的条件。

卡列哈斯的项目通常超越其之前的案例。他喜欢挑战建筑设计的极限，使设计超越自身的限制因素，进而与环境相融合，营造合适的氛围，展示深厚的设计功底。这些项目通常把空中景观作为建筑设计的主体和对象，虽然其影响偶尔通过建筑技巧或教化启迪展现出来，但最佳描述却是景观。自从最早宣称“景观都市主义”以来，进行了各种各样的城市规划实践，这些实践尽管不尽完美，与景观特定的专业特征之间仍然存在矛盾，但却很好地阐释了“景观”这一术语。这些实践，一方面倡导景观作为一种媒介，与建筑设计和城市规划相融合；另一方面，可以作为一种早已纳入景观设计师职业范畴的内在模式。在后续章节中，将回顾 19 世纪“新艺术流派”最终的主张，并重新审视“景观作为一种都市主义的形式”对景观设计理论和实践产生的影响。

篇章总图　纽约市规划方案，1811 年

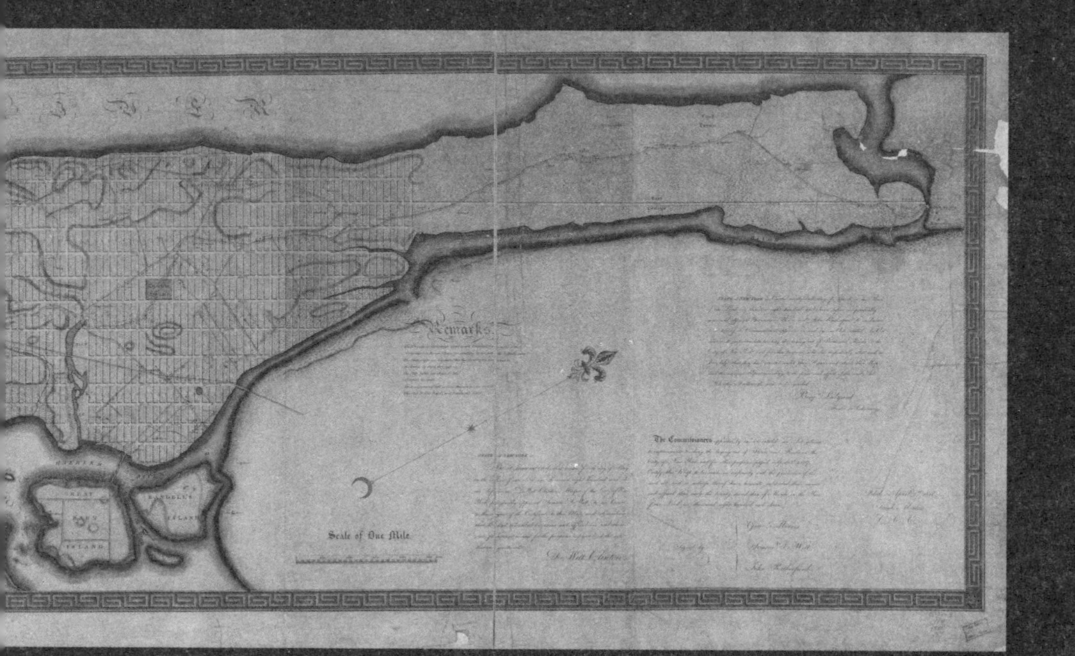
Remarks
The Commissioners
Scale of One Mile
ISLAND

第九章 视景观为建筑

“景观建筑师”这个称谓……无疑是错误的。

—— 杰弗里·杰里科（Sir Geoffrey Jellicoe），1960 年

在过去二十年中，景观都市主义的出现提出了景观这一学科领域和专职业界定的一些基本问题。虽然“景观”一词的各种词源在这数十年间受到了学者和从业者的充分关注，但“景观建筑”（landscape architecture）作为一个专门的职业，它的起源却很少被重视。[1]

自 19 世纪所谓“新艺术”（new art）流派出现以来，专业术语的问题就一直困扰着该流派的支持者。有关专业术语的长期辩论说明景观的学科界定和工作范围之间存在含糊不定的关系。这个新领域的创始人表明了一系列立场——从继承园林和乡村改造的传统，到提倡将景观作为建筑和城市艺术。在美国，许多支持者对英国园林（landscape gardening）实践表现出强烈的文化亲和力。与此相反，美洲大陆的城市改造实践在与景观相融合的同时指明了一种完全不同的工作范围。由于许多人渴望一个不易与现存的职业和艺术类别混淆的特殊身份，因此情况变得愈发复杂。

这一新领域在美国迅速发展，在一定程度上缓和了自 19 世纪下半叶以来快速城市化带来的社会和环境矛盾，是一种进步。人们尽管对这些概念的结合有着很大的热情，但却不太清楚如何称呼这新职业及其相关研究领域。到 19 世纪末，许多人认为已有的职业（建筑师、工程师、园艺师）不足以适应新的现实状况（城市规划和工业发展），从而需要一个切实与景观相关的新职业。于是，一些开拓者提出：将景观作为建筑（landscape as architecture）有何用意？如何让这些实践与景观都市主义（ landscape as urbanism）的当代理解产生共鸣？

在 19 世纪末，美国“新艺术”流派的支持者把这一新生的职业置于与旧的建筑艺术相关联的身份中。将建筑（而非艺术、工程或园艺）确定为最接近景观的职业群体，而这一决定对于理解当代景观十分重要。在此基础上，接下来 20 世纪前十年，城市规划作为一个专门的学科领域脱离了景观；20 世纪，末展开了关于景观作为一种都市主义形式的辩论。

英国诗人和园艺师威廉・申斯通（William Shenstone）在 18 世纪中叶创造了“园林师（landscape gardener）”一词。汉弗莱・雷普顿采纳了“园林”（landscape gardening）一词，并以其界定自己的职业身份（图 9.1），并将这一这一术语用于其在 18、19 世纪之交出版三本主要著作的标题，这三本著作分别是：《园林的草图和建议》（*Sketches and Hints on Landscape Gardening*，1794 年）、《对园林理论和实践的观察》（*Observations on the Theory and Practice of Landscape Gardening*，1803 年），以及《关于园林品位变化的调查》（*An Enquiry into the Changes of Taste in Landscape Gardening*，1806 年）。

法国建筑师、工程师以及花园设计师让・马里耶・莫雷尔（Jean-Marie Morel）创造了（法语中）“景观设计师（architecte-paysagiste）”一词。他提倡英式园艺，在 1810 年去世时堪称法国最著名的设计师之一。“景观设计师”这一职业名称和他的讣告一起在法国广为传播。之前，莫雷尔称自

图 9.1 汉弗莱 · 雷普顿，园林，商务名片，1790 年

己“景观和建筑师（architecte et paysagiste）”，以描述其多重职业身份。在 19 世纪左右，他省略了中间的连词，更加赞成用带连字符的复合词表示；二十年后，改为使用更简单且没有连字符的“景观设计师（architecte paysagiste）”一词。莫雷尔的这个新词早于英语版本“景观设计师”（landscape architect），被认为是这一现代职业身份的起源。[2]

英语复合词“景观建筑（landscape architecture）”的首次使用见于吉尔伯特·密森（Gilbert Meason）的《意大利伟大画家的景观建筑》（*Landscape Architecture of the Great Painters of Italy*，1828 年）一书中。密森用这一新词特指意大利风景画中的建筑。十二年后，约翰·克劳迪斯·卢登在《汉弗莱·雷普顿后期的园林与景观建筑》（*The Landscape Gardening and Landscape Architecture of the Late Humphry Repton*，1840 年）一书中使用了同一术语，此书汇集了雷普顿的众多作品。尽管“Landscape Architecture”一词在标题中的确切含义仍然存在一些争论，但从现有证据可以合理推断出卢登继密森之后使用该术语特指景观中的建筑，而非指代雷普顿的相关实践。（图 9.2、图 9.3）[3]

图 9.2 汉弗莱 · 雷普顿，莫斯利大厅的红书，伯明翰，前后景色对比 1，1792 年

图 9.3 汉弗莱 · 雷普顿，莫斯利大厅的红书，伯明翰，前后景色对比 2，1792 年

密森和卢登的相关著作以及“landscape architecture”一词为19世纪英式园林的美国支持者所熟知。其中最重要的是安德鲁·杰克逊·唐宁（Andrew Jackson Downing），他在美国“新艺术”学派的运动中发挥了核心作用。唐宁已经注意到了密森和卢登书中的“Landscape architecture”这一措辞，许多人认为唐宁已经做好准备，即将景观设计作为一个专门的职业。然而，从著作《园林理论与实践论集》（*A Treatise on the Theory and Practice of Landscape Gardening*，1841年）发表直到1852年不幸早逝，唐宁在整个职业生涯中都坚持使用“园林”（landscape gardening）一词。专著的第九章《景观或乡村建筑》（*Landscape or Rural Architecture*）中，他也遵循密森使用“Landscape Architecture”一词来指代景观或乡村环境中的建筑。[4]到他去世时，英国花园设计师威廉·安德鲁斯·尼斯菲尔德（William Andrews Nesfield）在约翰·韦尔（John Weale）《伦敦展览》（*London Exhibited*，1852年）一书中被称为景观设计师。然而，在整个19世纪，这仍然是英国景观实践的个案。

1854年，法国园林师路易斯·叙尔皮斯·瓦雷（Louis-Sulpice Varé）在布洛涅森林公园改造工程中被任命为园林师（jardiniere paysagiste）。同年，瓦雷在布洛涅森林公园的图纸上印上带有“景观设计师办公室”（Service de l'architecte-paysagiste）字样的临时印章。[5]很快，瓦雷被阿道夫·阿尔方（Adolphe Alphand）和让·皮埃尔·巴里耶·德尚（Jean-Pierre Barillet-Deschamps）取代，但由于布洛涅森林公园是纽约中央公园最重要的参考案例，瓦雷的景观设计师身份显得尤为重要。

1857年，弗雷德里克·劳·奥姆斯特德（Frederick Law Olmsted）被任命为纽约中央公园项目的主管。在此之前，奥姆斯特德在种植业和出版业的投资让其身负重债、前途暗淡；在其朋友新任中央公园董事会委员查尔斯·威利斯·埃利奥特（Charles Wyllys Elliott）的推荐下，开始担任这一职位。埃利奥特及其董事会在次年举办的中央公园设计竞赛中授予奥姆斯特德及其合作者英国建筑师卡尔弗特·沃克斯（Calvert Vaux）一等奖。奥姆斯特德和沃克斯的方案由共和党多数派的陪审团经过严格的政治分派别投票产生。在方案胜出后，奥姆斯特德被提升为“总建筑设计师兼主管”，沃克斯被任命为“咨询建筑设计师”（图 9.4、图 9.5）。[6]

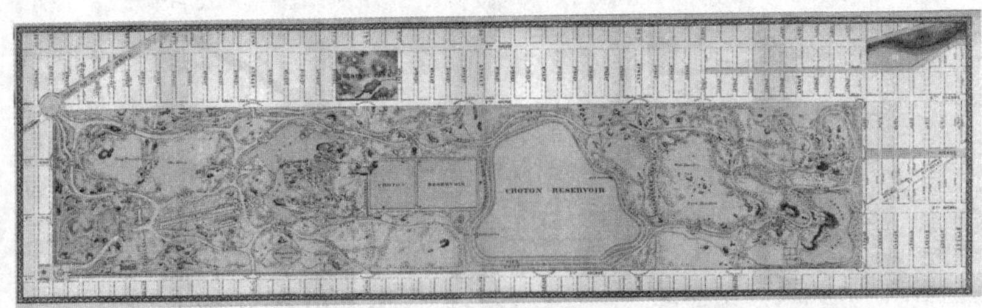

图 9.4 弗雷德里克·劳·奥姆斯特德和卡尔弗特·沃克斯，中央公园的规划，纽约，1868 年

图 9.5 马特尔的纽约中央公园全景，鸟瞰图，1864 年

尽管中央公园委员会邀请阿道夫·阿尔方担任竞赛评审团成员的提议未能实现，但有充分证据显示，当时中央公园的支持者已经将巴黎作为城市规划的灵感来源。詹姆斯·法伦（James Phalen）作为一名咨询委员会成员，1856 年退休后生活在巴黎，其受到资助就是来自销售新中央公园土地获得的利润。法伦作为中央公园委员会代表到达巴黎时，询问了作为阿尔方德（Alphand）大规模城市规划项目的一部分即当时正在进行的布洛涅森林公园项目的历史背景。1859 年，奥姆斯特德在欧洲游览公园时，法伦将奥姆斯特德介绍给阿尔方德。阿尔方德多次与奥姆斯特德在布洛涅森林公园中会面，向其介绍这个项目的历史背景并亲自进行导览（图 9.6、图 9.7）。[7]

从 1857 年奥姆斯特德被任命为中央公园项目的主管到随后 1858 年被

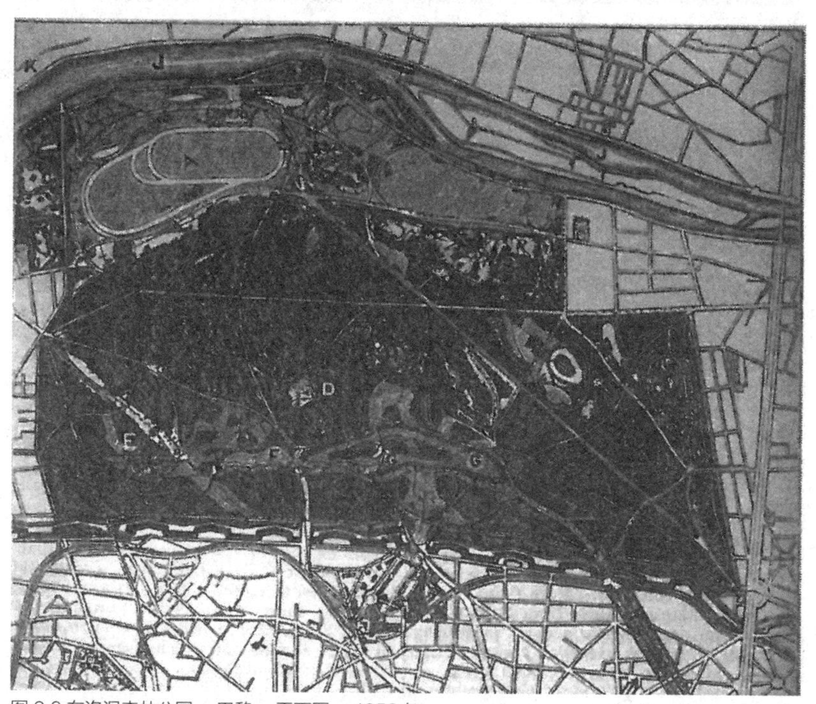

图 9.6 布洛涅森林公园，巴黎，平面图，1852 年

图 9.7 布洛涅森林公园，巴黎，鸟瞰图，1852 年

提拔为总建筑师的过程中，他并没有提到“景观设计师”这一职业称谓。在 1859 年 11 月访问巴黎之前，也许他已经注意到法国“景观设计师”（architecte–paysagiste）这一用法，也可能知道密森和卢登提出的英语语境中的“景观设计师”一词，但无证据表明他认为这一术语是一种职业身份。这一术语在奥姆斯特德进行欧洲公园旅行并与阿尔方德会面之后才予以真正使用的。奥姆斯特德很可能看见布洛涅森林公园改造工程的图纸上印着“景观设计师”字样，更重要的是，他见证了在日益扩展的巴黎城市改造实践中园林（landscape gardening）与基础设施改善、城市化以及大型公众项目管理之间的紧密关联。相比其他公园案例，奥姆斯特德多次参观布洛涅森林公园，在短短两周之内参观八次之多。[8] 他于 1859 年 12 月回到纽约之后，在每个城市改造项目的委托中特意宣称，更喜欢用“景观设计师”来称呼自己的职业身份。

1860 年 7 月，奥姆斯特德寄给父亲约翰·奥姆斯特德的私人信件是最关于美国职业景观设计师的最早记录。这封信以及随后的回信中都提到 1860 年

4 月“纽约岛上部区域规划委员会”委任奥姆斯特德和沃克斯作为“景观设计师”。在这些理事会成员中，负责规划曼哈顿地区编号为 155 号以上街道的是亨利 · 希尔 · 埃利奥特（Henry Hill Elliott），他是中央公园委员会成员查尔斯 · 威利斯 · 埃利奥特（Charles Wyllys Elliott）的哥哥。[9] 美国景观设计师作为一种独立的职业身份接受的首次委托并非公园、游乐场或公共花园的设计，而是曼哈顿北部规划（图 9.8）。可以看出，景观设计师最初被定位为负责预测城市本身的形态，而非城市之外田园风光的形态（图 9.9）。

奥姆斯特德和沃克斯非常热衷于新的职业身份，并在 1862 年 4 月将称谓正式改为中央公园的“景观设计师”。中央公园项目因内战而中断。1865 年 7 月，他们被重新任命为中央公园委员会的“景观设计师”。次年 5 月，他们又被任命为布鲁克林希望公园（Prospect Park）的“景观设计师”。“景观设计师”这一术语逐渐被美国“新艺术”学派的开创者确立为一种独立的

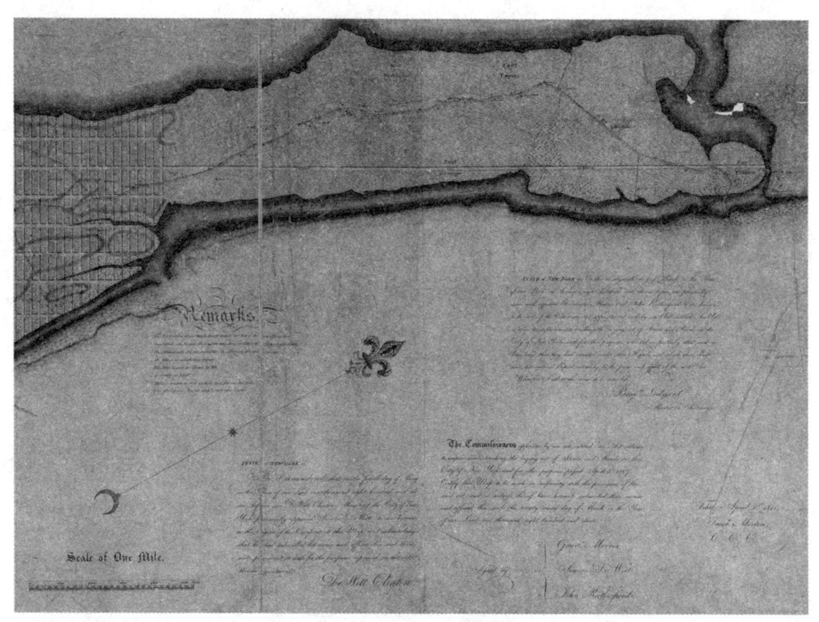

图 9.8 纽约岛上部区域规划委员会的平面图，细节，1811 年

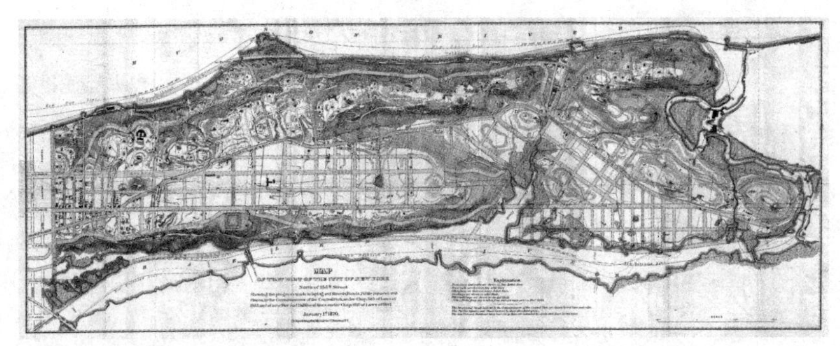

图 9.9 华盛顿高地的平面图，纽约，1868 年

职业身份（图 9.10、图 9.11）。[10]

奥姆斯特德尽管转换了新的身份，却仍然困扰于“景观设计（landscape architecture）”这一糟糕的命名方式，他一直渴望有一个新的术语来代表“新艺术”学派（sylvan art）。他埋怨道：“景观（landscape）不是一个很好的词，建筑也不是，它们的组合自然也不是一个好词。然而，‘园艺’这个词更加糟糕。”他渴望有源自于法语术语的特定英语单词，能更好地捕捉到这种城市秩序“新

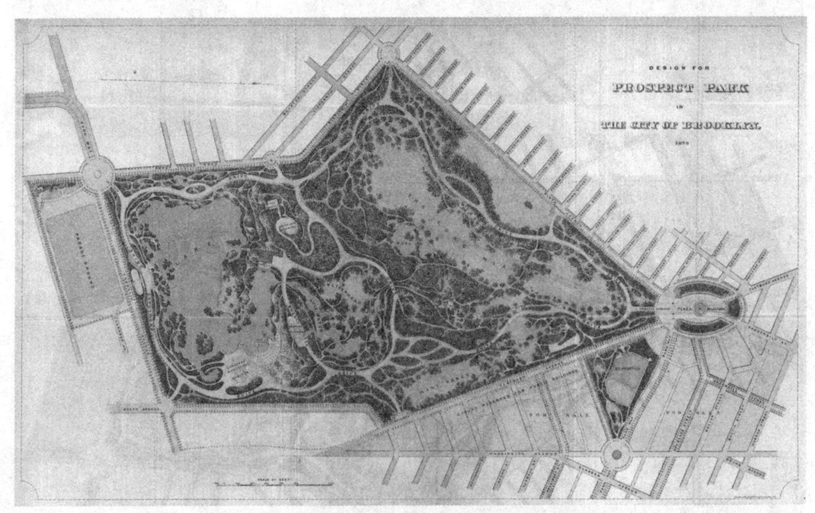

图 9.10 奥姆斯特德与沃克斯，希望公园，布鲁克林，平面图，1870 年

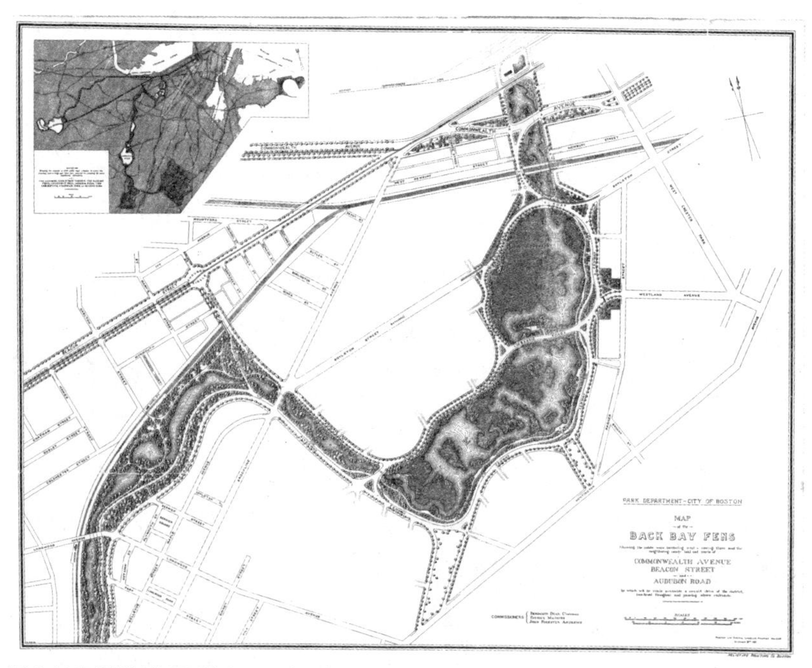

图 9.11 奥姆斯特德及同伙人，后湾小塘，波士顿，平面图，1887 年

艺术”的微妙。[11] 景观与建筑这两个术语的合并引发了专业人士持续的担忧，这一问题尚未解决，为什么新职业的支持者们最终选择将景观作为建筑呢？奥姆斯特德确信，披着建筑师的外衣更有利于推动这一新领域的发展，并能防止人们误以为这份工作不过是关心植物和花园。奥姆斯特德认为，这也将减少景观未来“更大的危险”以及与建筑的“不和”。他还相信，这一新兴学科的研究领域会随着日益丰富的科学知识逐渐远离艺术和建筑领域。[12]

在 19 世纪的最后十年，人们狂热地宣称建立了一个新兴职业。尽管大西洋两岸有许多更为早期的实践，但成立于 1899 年的美国景观设计师协会（ASLA）是该领域的第一个专业机构。由得益于奥姆斯特德对法语术语的倡导，美国的奠基者们最终采用来自法语的“景观设计师（landscape architect）”而非英语的“园林师”（landscape gardener）作为最适合的命名。正是由于这种语义上的区别及其暗含的对城市秩序和基础设施规划实践的意图，这个行业在美国得到充分的发展（图 9.12、图 9.13）。

美国景观设计师协会（ASLA）的许多创始人尽管仰仗奥姆斯特德的学术地位和数十年已有的实践，却依然对“景观设计师”这个名称非常不满。比阿特利克斯·法兰德（Beatrix Farrand）拒绝使用这一术语并坚持使用“园艺师”一词。这种矛盾也从美国景观设计师协会（ASLA）的原始成员组成表现出来，美国景观设计师协会的原始组成成员包括当时著名的园艺师以及景观设计师。该领域的创始人更关注的是将这一新的艺术形式确立为一个“自由职业”，而非商业活动。因此，《美国景观设计师协会章程》将会员资格赋予从事专业设计活动的人，而非通过销售劳动、植物或其他从商业利益中获赚取佣金的人。[13] 协会成立之后，专业人士又迅速建立了新的专业学科，并筹办了专业杂志。景观设计的第一个专业教学学科于 1900 年在哈佛大学成立，设置在劳伦斯科学院中，与建筑学院毗邻并一同作为独立的学科。《景观设计学》（*Landscape Architecture*）于 1910 年作为季刊出版，进一步巩固了该专业的学科基础。[14]

1948 年国际景观设计师联盟（IFLA）的成立使景观设计师的职业身份和专业地位在国际上空前巩固。然而，国际景观设计师联盟（IFLA）的主席杰弗里·杰里科在离职后不久表达了对“景观设计师”一词的担忧。[15] 杰里科并非最后一位对该领域缺乏独特国际身份而感到痛惜的人。许多人直到今天仍然对“景观设计”这一糟糕的命名表示失望。如果想要找到杰里科渴望的独特术语，那么可能需要探寻英语术语的法语起源。在当代巴黎，景观设计师再次借用“paysagiste”一词。“paysagiste”本来指描绘风景的画家，然而在当代成为现代版简写的景观设计师（architecte-paysagiste），给人的印象是正式的，甚至有几分官方色彩。值得高兴的是，“paysagiste”一词符合杰里科“用独特、单一的术语来描述该职业”的要求，并与法语、

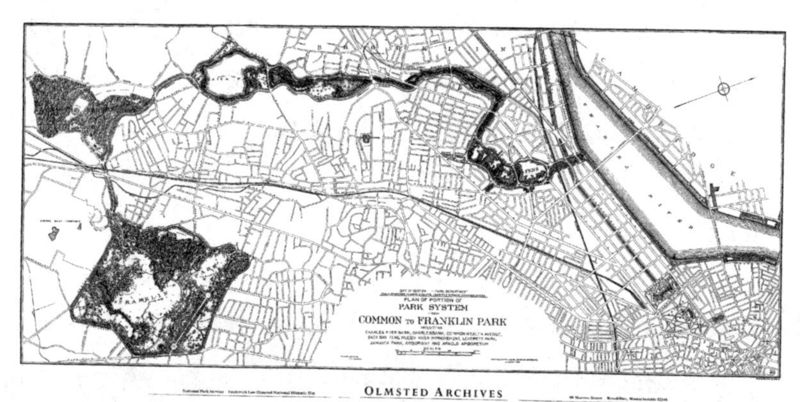

图 9.12 奥姆斯特德与埃利奥特，波士顿公园的部分平面图，从波士顿公园到富兰克林公园，波士顿，1894 年

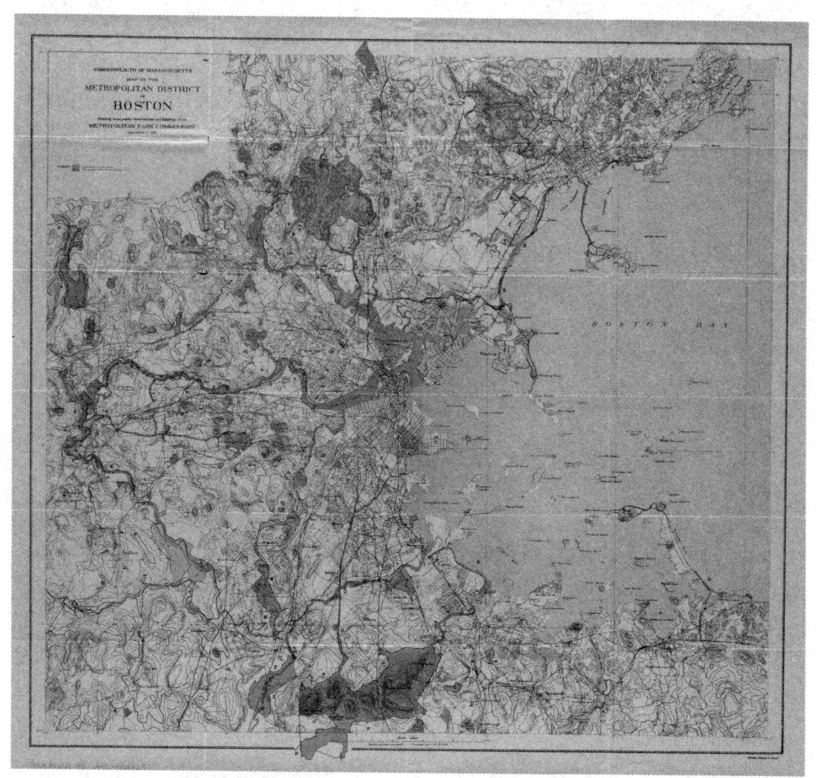

图 9.13 马萨诸塞州，都市公园的项目委托，都市公园，波士顿，地图，1901 年

西班牙语、意大利语和葡萄牙语具有语言学上的密切关系。将这个术语翻译成英语，只是简单的“landscapist”。只有时间才能证明这个单一的身份是否比从 19 世纪以来使用的名字更加持久。尽管人们依然对景观设计学的命名非常不安，但宣称“视景观为建筑”而产生的矛盾一直存在，这表明该领域已经广为人知了。

伴随西欧和北美工业现代化的脚步，“视景观为建筑”的思潮从特定的文化、经济和社会条件中凸显出来。“landscape architecture”这一“糟糕命名”最近才出现在东亚城市化的浪潮中。东亚的日本、韩国和中国有许多特定文化形态下的园林传统，然而这些文化中并没有一个与“landscape architecture”精确对等的术语。直到最近，随着西方有关都市主义和设计的理论向东方转移，英语术语“landscape architecture”才开始被中国采纳并使用。不足为奇的是，中国景观设计的第一个专业化实践在过去的十年中已经出现，以回应一种受生态思想启发的城市规划实践的需求。

俞孔坚是第一位在中国开设私人公司的景观设计师。他的公司遵循西方私人规划设计咨询公司的实践模式。俞孔坚可能是当今中国最重要的景观设计师。在过去十年间，他也成为国际上英语语系受众所认为的领军人物。得益于俞孔坚及其北京土人景观规划设计研究院（以下简称土人景观）获得的国家级奖项和荣誉，中国人也趋向于接受这种观点，并尤其受到政府的认可。[16]

俞孔坚及其土人景观利用其独特的历史性地位来游说中国的政治精英，尤其是省部级领导和市长，在城市、区域甚至国家尺度进行生态规划实践。这一愿景在俞孔坚以及土人景观在 2007 至 2008 年进行的中国国土生态安全格局规划项目中得到最完整的阐述（图 9.14、图 9.15）。俞孔坚连续十年在中国建设部会议（1997 至 2007 年）上开设讲座，并在中国出版了极具影响力的文章《城市景观之路：与市长们交流》（俞孔坚，李迪华，2003 年），

图 9.14 俞孔坚 / 土人景观，群力湿地公园，哈尔滨，中国，鸟瞰照片，2011 年

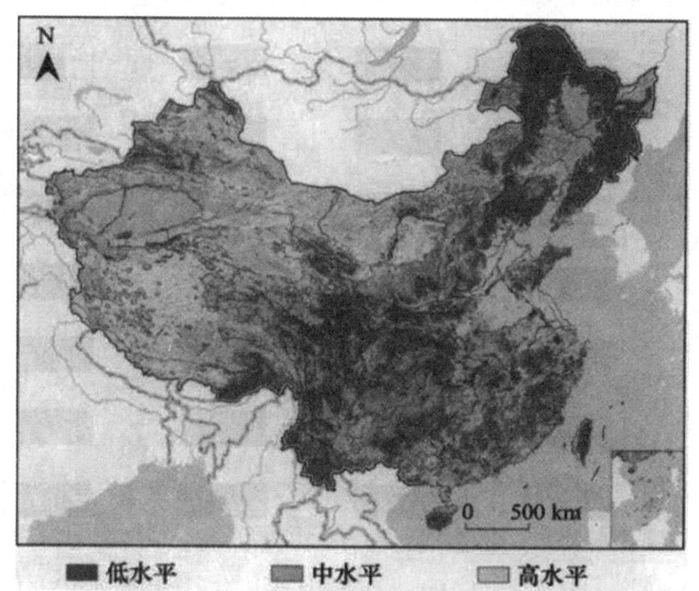

图 9.15 俞孔坚 / 土人景观，中国国土生态安全格局规划，地图，2007 至 2008 年
审图号：GS（2009）955 号

向国内外读者展示了具有国家尺度的科学生态规划程序。[17]

俞孔坚 1963 年出生于浙江省的一个农民家庭，是家里的第三个孩子，也是第二个儿子。[18] 巧合的是，那一年周恩来总理在上海召开的科学技术工作会议上提出“我们要实现农业现代化、工业现代化、国防和科学技术现代化，把我们祖国建设成为一个社会主义强国”，这是中国首次提出四个现代化的目标。这种经济转型本应该在之后的十五年间实现，但直到毛泽东去世，周恩来的继任者邓小平执政才得以实现。1978 年末，邓小平担任中共最高级别领导人之后，重提“四个现代化”目标，这也是许多人认为的“现代中国改革的开端”。

1979 至 1980 年间，俞孔坚即将步入大学之时，恰好是经济改革、科学现代化和改革开并肩进行的时代。俞孔坚经历了苏联式的国家标准考试，通过这一考试制度，他进入了北京林业大学。1979 年北京林业大学的风景园林本科重返北京是“四个现代化”的早期表现之一。北京林业大学的风景园林学科是 20 世纪 60 年代“文化大革命”时期被“放逐”到云南省（一个遥远的中国西南部省份）的学科之一。俞孔坚到达北京时，进入了风景园林专业（landscape architecture）。60 名本科学生被分为“园林植物”（landscape gardening）和“园林设计”（landscape design）两个方向。俞孔坚因为没有受过绘画训练，被分配到园林植物方向。[19]

俞孔坚取得北京林业大学的风景园林学士学位之后，随即被录取为北京林业大学的风景园林硕士研究生。俞孔坚是五名硕士同学中第一个在中国开设私人景观设计咨询与实践公司的人。1984 至 1987 年，俞孔坚在北京林业大学攻读硕士研究生期间经常前往藏有大量景观设计和规划英语书籍的图书馆，阅读凯文 · 林奇、伊恩 · 麦克哈格、理查德 · 福尔曼以及其他许多人的有关景观设计和规划的重要作品。[20] 大量的英文阅读使他的英语水平大幅提高，成为年级里出类拔萃的学生，并因此在 1987 年成为哈佛大学卡尔 · 斯坦尼兹教授在北京林业大学进行一系列讲座的翻译。在斯坦尼兹教授演讲之前，俞孔坚已经完成硕士论文《景观评价的定量研究方法》，这篇论文在某种程度上受到斯塔尼兹的导师凯文·林奇的启发。遇到斯坦尼兹并完成硕士论文时，他已有去美国继续攻读研究生的愿望。得益于斯坦尼兹的推荐，俞孔坚申请了哈佛大学最新设立的设计学博士项目，继续攻读生态规划博士学位（doctorate in ecological planning）。[21]

设计学博士是一个研究型学位，最终以学位论文的形式完成学业，但斯坦尼兹建议博士候选人定期学习景观规划课程。除了斯坦尼兹的教导之外，俞孔坚还跟随理查德·福尔曼学习了景观生态学原理课程。他沉浸于地理信息系统（GIS），收集大量生态信息数据的表征和计算问题；通过与福尔曼一起工作，初次接触到景观生态学中“战略点”（strategic points）的概念。在此期间，他阅读了“博弈论”，并将“博弈论”中有关空间冲突的文字与福尔曼的景观分析文字联系起来，特别是涉及景观中特定关键点或“安全点”（security point）的识别和保护内容。这种理解促使他最终提出了生态“安全格局”（security pattern）的概念。[22]

在哈佛大学攻读博士学位期间，俞孔坚将斯坦尼兹严谨的规划方法、福尔曼对复杂景观矩阵的分析语言、计算机图形学实验室相关的数字地理信息系统的工具和技术以及“博弈论”的概念整合为一体。俞孔坚首先运用这种综合的方法为中国构想了一个国家级的生态安全计划。在斯坦尼兹、福尔曼和斯蒂芬·欧文的指导下，俞孔坚完成了博士论文《景观规划的生态安全格局》（*Security Patterns in Landscape Planning*），为相关项目的开发提供了概念、方法论、表征含义以及分析方法。这篇论文以中国红石国家公园（Red Stone National Park）为例，进行生态安全规划研究，但俞孔坚希望借此提出一套适用于区县、省市、国家等不同尺度的生态安全规划的方法与策略。该论文体现了俞孔坚在北京林业大学和哈佛大学各种影响下形成的方法集成，包括麦克哈格“千层饼模式”的分析方法、林奇的视觉分析方法、福尔曼的生态分析方法，欧文的地理信息系统方法以及杰克·丹杰蒙德等人在实验室中所取得地理信息系统应用成果。在哈佛大学学习期间，俞孔坚还担任地理信息系统的研究助理和教学助理。从 1994 年夏天开始，他在位于加利福尼亚州雷德兰兹的丹杰蒙德的环境系统研究所（Environmental Systems Research Institute，简称 ESRI）担任研究员。

俞孔坚论文的创新点之一是利用生态功能受到阶梯函数形式的特定变化阈值的影响，通过分析生态功能来识别特定的“安全点”（SPS）。俞孔坚认为，生态功能承受力相当大，在外界影响下并不会产生成比例的变化，但会在特定的影响阈值附近发生突然改变。他在论文中提出三种不同的“安全点”：生态、视觉和农业。[23] 这些安全点的类别与“国土生态安全格局”说到的生态、旅游和食品安全主题密切相关。然而，这一概念在西方并非没有先例。在哈佛大学期间，俞孔坚通过斯坦尼兹的课程学习各个国家和地区的景观规划先例，包括沃伦・曼宁在 1992 年提出的美国国家规划。[24]

取得博士学位后，俞孔坚作为景观设计师，在位于加利福尼亚州拉古纳海滩的 SWA 事务所工作了两年。在此期间，他在博士论文的基础上发表了一系列文章。[25]1997 年，他回到北京，创立自己的景观设计咨询公司——土人景观，并在北京大学任教。除了中国国土生态安全格局规划之外，土人景观还做了一系列大型生态规划项目。[26] 规划实践包括国家尺度的生态安全格局以及各种跨区域、市、县的提案，实现了具有历史意义的科学和文化传递。这些规划除了展现技术上的效能、预测的精确度和易于实现的特点之外，还表明了俞孔坚个人及其专业所处的独特历史环境。这些伟大的尝试跨越时空和文化，传达了西方科学空间规划理念。讽刺的是，在美国接受景观生态和规划训练的中国第一代专业人员如今却有可能促进已衰落的美国规划传统的复兴。自 1978 至 1979 年间中国重新定位“四个现代化”目标以来，美国政治、经济和文化环境越来越偏离科学空间规划实践的方向，倾向于在新自由主义、分权和私有化经济之下进行空间决策。不可思议的是在这数十年间，通过高等教育在设计和规划领域的传播，生态空间规划的实践在中国找到了生长的沃土，影响了中国的公众舆论和政策主张。当代中国自上而下集中式的决策方式、对西方科学技术理念的开放态度以及快速的城市化进程为俞孔坚生态规划格局的理念提供了一个独特的接纳空间。一个简单的事实是，俞孔坚提出的“国土生态安全格局”描绘了一种既矛盾但又有所希冀的景观规划传统的回归。

一方面，生态规划实践充满矛盾；另一方面，景观都市主义被热议。这二者形成了一个具有讽刺意味的对比。大西洋两岸最近都提出“生态都市主义”的话题，即对景观都市主义议程的延续和批判。在景观都市主义和景观设计的学术课程、出版物和专业实践在全球范围内不断发展的同时，生态都市主义的论述也在迅速传播。都市主义的生态学方法致力于提供一种更加精准、具体且聚焦于将生态学作为一种设计模式或媒介的方法。此方法提出，通过更精准的术语以及与生态学密切相关的知识，形成可以涵盖所有设计学科的认识论框架。在重启景观都市主义这一拥有二十多年历史的学术议题时，这一方法还可避免一些景观重负。在这一构想中，生态学提供了一个支持景观都市主义实践的操作系统，在保持更广泛的公众参与的同时还具有更优的表达精度和更强专业影响力。

篇章总图 皮尔·维托里奥·阿莱里和马蒂诺·塔塔拉/道格玛，“终止的城市”，典型平面图，森林冠层，2008 年

结 语 从景观到生态

跨学科并非一直祥和、平静；当旧学科的“联盟”开始破裂，甚至形成无法阻止的潮流或趋势时，它开始奏效……最终形成了新的研究对象。

—— 罗兰·巴尔特（Roland Barthes），1971 年

正如人们热议的，景观都市主义在过去二十年间作为一种对学科和新传统主义城市设计的批判。这种批判与城市设计无法适应城市变化的节奏以及当代北美和西欧的大部分地区基于机动车的城市化产生的水平向发展特征有很大关系。此外，它还涉及传统城市设计策略无法应对去工业化后遗留下的环境问题。同时，将生态都市主义以及设计文化作为城市发展重要支撑的呼声日益高涨，景观都市主义的理论似乎正趋于成熟，尽管对于前卫的建筑文化要求而言已不算新颖，但这些论述依旧具有十分重要的意义，因为重要理论和项目已经在全球范围传播开来。这种成熟表现的一个方面是：尽管景观都市主义的论述在建筑界几乎不是新颖的内容，但这些论述正迅速纳入全球城市设计和规划的讨论中。

本书记载的景观都市主义论述有趣地揭示了一个最终未能实现的提议，

即城市设计最初可能设置在哈佛大学景观设计专业中。哈佛大学设计研究生院的何塞普·路易斯·塞特（Josep Lluís Sert）在一篇文章中提出城市设计专业最初的构想，即在这学术领域提供一个跨学科空间。塞特想法的当代诠释让人们回想起 1956 年哈佛大学会议上提出与城市相关各设计学科内部及其之间潜在关系的议题。其中，关于景观在城市设计中的角色较具有争议，这个议题在当今不容忽视，并对城市设计的起源具有重要意义。[1]

同样在 1956 年，北美最成功的现代主义规划项目之一是：底特律的拉菲亚特公园居住区更新，这个公园是“底特律规划”的成果。这个规划及其推动的项目提供了一段关于 20 世纪中叶另类视角的城市建造案例，这源自对景观塑造都市形式的理解。拉菲亚特公园并没有从城市设计实践中受益。路得维希·希贝尔塞默的底特律规划预见到当代美国去中心化城市对将景观作为城市秩序的趋势。

这些截然不同的事件为后来的城市设计提供了另一种可能的历史。即便我们不再记得在任命瓦尔特·格罗皮乌斯（Walter Gropius）之前，路德维希·密斯·凡德罗差点成为哈佛大学建筑学院的院长，但这已是事实。如果密斯和希贝尔塞默都选择在坎布里奇（Cambridge，美国马萨诸塞州城市）而非芝加哥的南部渡过在美国背井离乡的生活，城市设计的历史将会改写。然而，城市设计有着十分独特的系谱，并尚未实现其作为建筑环境与设计学科交叉点的潜力。鉴于这种未被完全开发的潜力，景观都市主义提出一种批判性和历史性的视角重新理解现代主义规划的环境和社会愿景及其最成功的模式。这也意味着，至少有一种现代主义规划具有复兴的可能性，在其中景观成为城市、经济和社会秩序的媒介。

在过去二十五年间，城市设计形成过程中已花费大量时间关注传统固守的学科边界的定义，这与北美设计教育和专业实践中的跨学科趋势形成鲜明的对比。最近，有几个设计学校最近已解决建筑系和景观设计系之间相互独立的问题，而其中有些设计学校推出两者结合的学位或课程。这种向知识共享和合作性教育转变在很大程度上是为了应对专业实践领域日益复杂的多学科交叉背景。毫无疑问，当代大城化背景带来的挑战和机遇推动了这些实践。从这一角度而言，最近关于城市设计历史和未来的讨论与走向学科去专业化的规划是相互矛盾的。然而，许多城市及其支持的学术项目几乎都不再遵循传统的学科边界。设计学科不应该期望特立独行，并且许多著名的设计师最近都在呼吁新一轮的跨学科研究。遗憾的是，因资源有限，大部分城市设计学科都聚焦于当代城市文化边缘问题。其中，有三个领域脱颖而出。

首先，近年来城市设计最令人费解的问题是它倾向于适应反动文化政治和“新都市主义”怀旧情绪的趋势。主流的设计学院巧妙地与这种 19 世纪糟糕的建造模式撇清关系，但许多城市设计实践也只是在牺牲建筑学愿景代价的前提下保全城市设计宗旨。这通常以夸大城市密度的环境和社会效益的形式出现，同时承认建筑形式的“相对自治”。其次，许多主流城市设计实践关注富人阶层消费环境中“外观和感受（look and feel）”的营造。许多人呼吁，城市设计应抛开暗含的利于曼哈顿主义（Manhattanism）的偏见，以及对奢侈风格、精英领域的偏好。最后，城市设计在设计和规划学科之间作为桥梁，过多地关注社会的公共政策和过程。虽然设计院校中城市规划学科的复兴是一番重要且迟来的“修正”，但它也有可能会变得过度。担忧之处不在于设计被学者和城市相关的学术研究所笼罩，而在于规划专业及其教师将自己“与世隔绝”，只关心公共政策与城市法规，而忽视设计和当代文化本身。

在城市设计尚未实现的过程中，过去十年间出现的景观都市主义代表了传统宽泛定义下城市设计的另一种实践类型。在不断结合生态规划实践愿景的同时，景观都市主义也受到设计文化、当代城市发展模式以及公私合作复杂关系的影响，尽管正如人们热议的，景观都市主义提出的城市形式尚未完全实现，这也许是个事实，但公正地说，景观都市主义仍然是未来几十年城市设计最具前景的方向。这在很大程度上是由于景观都市主义提供了一个具有文化基础和生态知识的当代城市化模式，并且在经济上可行，这与城市设计对传统城市形式的怀旧情结形成鲜明的对比。

“生态都市主义”理论更加详细地描述了在环境问题启发下城市设计实践的追求，并充满与景观相关的种种可能。这个都市主义最新的形容词修饰语试图描述当代城市的环境、经济和社会状况，表明重新定义城市设计的必要性。在 2009 年哈佛大学的“生态都市主义”会议上，穆赫辛・穆斯塔法维（Mohsen Mostafavi）将这个主题描述为对景观都市主义理论的批判和延续。[2] 生态都市主义提出（正如城市规划在十多年前提出的一样）扩大当代城市设计的思路，融合环境和生态理念，同时扩展了用来描述这些城市背景的传统学科和职业构架。作为一种批判景观都市主义的行动，生态都市主义力求明晰针对当代城市的生态、经济和社会状况的既有理论。

穆斯塔法维对该主题的介绍表明，生态都市主义“暗含设计学科描绘另一种未来情景的潜力”。他进一步指出，这些性或许会引发“领地争论”（spaces of disagreement），涵盖了各学科以及研究城市的相关职业。[3] 而对当代这些学科框架进行审视就会发现，城市面临的问题很少遵守传统的学科边界。这个相当有趣的发现令人想起罗兰·巴尔特关于跨学科知识形成过程中语言和时尚发挥各种作用的构想。[4]

生态都市主义提出的新标语，即会议的副标题“未来可选择且可持续的城市”（Alternative and Sustainable Cities of the Future）也同样传达了这样的信息。这种解释表明，当代都市主义面临的语言学困境由批判性文化与生存环境之间的错误选择导致。主标题和副标题进一步揭示了学科的断层，即完善的可持续发展理论与将城市规划作为描述当代城市文化背景传统之间的断裂。这一理解意味着，生态都市主义会再次讨论政治、社会、文化的可持续性以及已被充分挖掘的批判性潜力。这种转变特别适合作为环境健康和设计文化两者之间深刻对立的一种调和，已导致生态功能、社会公正以及文化素养被许多人认为是相互排斥。设计文化已经去政治化，并远离城市生活中的主观经验和客观现实。同时，保护生态环境和生物多样性的呼声越来越高，这表明了重新构想城市未来的可能。然而，人们却被迫选择不同的城市范式，并且每种范式支持环境健康、社会公平或文化基础三方面之一，无法兼顾。

霍米·巴巴在（Homi Bhabha）在“生态都市主义”大会上发表了主题演讲，概括性地谈道：“谈论城市的未来总是既为时过早，又为时过晚。”[5]他将生态都市主义议题放在非正式的生态学和无止境地现代化之间一种错综复杂的辩证关系中，并强调：“我们实际上总是在处理过去的问题，但这些问题在当代新的背景下又以不同的形式出现”。他坚持认为生态都市主义议题是一个“发挥主观想象力的工作”。[6]

都市主义（无论景观、生态还是其他）的形容词修饰语已成为城市设计最有力和成熟的批判，这并非巧合。形成一个具有环境意识的都市主义结构条件恰好出现于欧洲城市密度、中心性以及城市的可识别性变得愈发模糊之时，大多数人生活和工作在郊区，这里植被不多，基础设施不完善。城市实践及其相关学科重组的条件将持续存在，就如同在语言转变尚未完善的情况下，还是有必要对其进行描述。

最近，“投影生态学”（projective ecology）这一概念被提出，作为生态都市主义行动的延伸和具体论述，[7] 旨在阐明当代设计和规划学科中生态学的地位和作用。《投影生态学》（*projective ecology*）一书构建于生态都市主义理论基础之上，及时质疑了生态作为都市主义形容词修饰语的地位。[8] 虽然这些质疑与城市相关学科均有关联，但非常适于景观设计学的讨论。在景观都市主义和生态都市主义的相关理论中，生态学在设计方面的地位和作用仍然是关注的核心。这些设计概念引用了哪些生态学原则？被谁、因何目的而引用？该书阐明了当代设计文化多元的生物学模型及其投影潜力。

克里斯托弗·赫特（Christopher Hight）声称，生态学是这个时代最重要的认识论框架之一。[9] 这基于以下事实：生态学已超越其作为自然科学的起源，涵盖自然和社会科学、历史和人文、设计和艺术。生态学从 19 世纪生物学的分支学科发展成 20 世纪的现代科学，并在 21 世纪初逐渐成为一个多学科的知识框架。这种学科的混杂在理论上和实践上并非没有任何问题。生态学从一门自然科学向文化视角的转变是景观设计、城市设计和规划之间及内部混乱和沟通障碍的根源。《投影生态学》揭示了这几种不同学科的价值，以及三种不同的知识创造和空间规划方式。首先，由多元的生态学定义开始。其次，学科构想下通过清晰的阐述，倡导生态学框架的投影潜力。再次，项目、图纸和图解清晰地展示了当代设计文化中生态学的典范作用。

按照亨利·勒菲弗尔（Henri Lefebvre）的理解，可以假定城市化的影响涉及全球。[10]如果确实如此，那么对生态和都市主义之间关系的思考会有什么影响？城市艺术的理论框架、分析工具和投影实践基于城市和生态之间预设的差异发展起来。在过去，两种形式都被设想为相互不交叉。都市主义在建筑文化中的起源以及对城市建筑形式的关注对突破这个集体盲区有很大贡献。同样，生态学的传统定义描述了物种与其环境的关系而忽视了人的因素，这也是一大不完善之处。总而言之，将生态学看作城市外部的存在，并将城市看作生态学外部的存在，这两种思想共同作用，对思考城市建设产生了深远的影响。《投影生态学》质疑了陈旧的反方观点，有利于从多元视角把生态学同时理解为模型、隐喻和媒介。

在该书的总体介绍中，里德和李斯特提到，生态学长久以来作为呈现自然世界的一个模型。[11]这一基本定义在理查德·福尔曼、尤金·奥德姆（Eugene Odum）以及其他人的研究工作中显而易见。至今，这种理解仍然发挥作用，因为生态学将继续预测并解释自然世界。此外，李斯特和里德还提出“通过测验和证明的科学创造模式”“塑造世界的设计活动”的共同特点。虽然科学和设计之间的思维习惯和方法手段仍然存在历史性的鸿沟，但该书阐述了作为世界模型的生态学和塑造世界的设计行业的一种恰当关系。除了作为模型，在对知识和学科的追求方面，生态学已成为同样有效的隐喻。生态学被认为与社会或人文科学、人类学、历史、哲学和艺术等领域在隐喻层面的认识论框架具有相关性。从格雷戈里·贝特森（Gregory Bateson）、乔治·阿甘本（Giorgio Agamben）和菲力克斯·伽塔利（Félix Guattari）等几位的作品就能看出，生态学思想贯穿各个不同领域。这种隐喻性的生态学解读对于后来将其归入设计领域的相关理论具有十分重要的意义。虽然景观设计和城市规划历来倾向于将生态学视为一种应用型自然科学，但建筑和艺术已将其作为从社会科学、人类学和哲学引入的一种隐喻。该书旨在通过引入对生态学的第三种理解，即作为思想、交流和表现的媒介，从而在设计理论中梳理和整合不同学科的基础。李斯特和里德希望读者包容这一媒介的广度，并通过设计来规划同样广阔的美好未来。“投影生态学”在自主性和工具性两极之间为当今探讨建筑提供一个十分必要的第三种范式。这一立场以及里德和李斯特支书中体现这一思想的作品都旨在调节自主实践的批判性潜力与日益紧迫的社会、政治和环境参与需求之间的关系。

正如前文提到的，至少从 20 世纪 70 年代中期彼得·艾森曼提出“后功能主义”（post-functionalism）以来，建筑学就依赖于对功能性推断的批判，否定作为其文化价值的基础。[12] 这种对商品和实用价值的抑制也同样表达了其作为建筑文化“自主性”的一种主张，因其抵制建筑与社会、政治、经济之间的相互作用。在过去十年间，由于建筑对环境和气候问题的影响重现在世人面前，许多人开始表明需要维护批判性文化项目的自主性，而非工具性，通常与抵制建筑与能源和环境等方面“外部效应”纠缠不清。从这点来看，对建筑文化价值来说，气候问题是一种纯粹的外在事物，就像通过自我强加的脱离工具性影响来定义自己一样。[13] 批判性项目一直面临另一问题，即这种后批判立场的主张支持情感、文化商品和“设计知识”（design intelligence），而超越了作者身份。[14]《投影生态学》在众多争论中提供了第三种形式，避免了单一的反对模式，即便不是救赎，也有利于当代建筑发展走向投影似的开放进程。这表明通过高度控制的绩效维度，彻底疏远作者身份的建筑已成为可能。该书超越了功能中心性、结构、城市一致性、人文主义持续性和资本累积，采用最有效的工具性手段创造了意想不到的城市结局。尽管在当代建筑文化中并非没有先例，这种作者身份的“疏远”

（alienation）或偏离与追求更加复杂的生态秩序而规避简单的可见性二者之间存在根本性的区别。

就此而言，在景观都市主义者的行动中可以发现一种行为转变，即利用城市形式潜在的自主性矛盾重新激发景观设计，来源于高度指标化的生态逻辑和形式。[15] 通常情况下，这些标准是物种及其环境之间既定关系形成的结果。最近，这一领域的工作表明，有可能通过计算机技术和制造逻辑从自然世界里生成两个相似的行为表述模型。最有趣的是，通过构建人类、非人类及其与环境之间的关系模型，解决能源和气候问题时所做的推断与实际情况之间的重要差别。这些研究具有超越社会参与和文化象征之间简单对立的可能，由此，促进了与内部讨论和外部需求都相关的当代都市主义复兴，这同样也表明景观作为都市主义的形容词修饰语一直存在的关联性。

注 释

概 述 从图像到领域

Epigraph: Ludwig Mies van der Rohe, transcript of interview with John Peter, 1955, Library of Congress, 14–15.

第一章 视景观为都市主义

Aspects of this argument were developed in Charles Waldheim, "Landscape as Urbanism," in The Landscape Urbanism Reader, ed. Charles Waldheim (New York: Princeton Architectural Press, 2006), 35–53; and Charles Waldheim, "Hybrid, Invasive, Indeterminate: Reading the Work of Chris Reed / Stoss Landscape Urbanism," in StossLU (Seoul: C3 Publishing, 2007), 18–25.

Epigraph: Stan Allen, "Mat Urbanism: The Thick 2-D," in CASE: Le Corbusier's Venice Hospital, ed. Hashim Sarkis (Munich: Prestel, 2001), 124.

1. Stan Allen, "Mat Urbanism: The Thick 2-D," in CASE: Le Corbusier's Venice Hospital, ed. Hashim Sarkis (Munich: Prestel, 2001), 124.
2. See James Corner, "Terra Fluxus," in The Landscape Urbanism Reader, ed. Charles Waldheim (New York: Princeton Architectural Press, 2006), 23–33. See also James Corner, ed., Recovering Landscape (New York: Princeton Architectural Press, 1999).
3. See Corner, introduction to Recovering Landscape, 1–26.
4. One marker of a generational divide between advocacy and instrumentalization has been the recent emergence of complex and culturally derived understanding of natural systems. An example of this can be found in the shift from pictorial to operational in landscape discourse that has been the subject of much recent work. See for example James Corner, "Eidetic Operations and New Landscapes," in Recovering Landscape, 153–69. Also useful on this topic is Julia Czerniak, "Challenging the Pictorial: Recent Landscape Practice," Assemblage, no. 34 (December 1997): 110–20.
5. Ian McHarg, Design with Nature (Garden City, NY: Natural History Press, 1969). For an overview of Mumford's work, see Mark Luccarelli, Lewis Mumford and the Ecological Region: The Politics of Planning (New York: Guilford Press, 1997).
6. See Corner, "Terra Fluxus."
7. Early critiques of modernist architecture and urban planning ranged from the populist Jane Jacobs, Death and Life of Great American Cities (New York: Vintage Books, 1961), to the professional Robert Venturi, Complexity and Contradiction in Architecture (New York: Museum of Modern Art, 1966).
8. Kevin Lynch, A Theory of Good City Form (Cambridge, MA: MIT Press, 1981). Also see Lynch's earlier empirical research in Image of the City (Cambridge, MA: MIT Press, 1960).

The most significant of these critics was Aldo Rossi. See Rossi, The Architecture of the City (Cambridge, MA: MIT Press, 1982).

Robert Venturi and Denise Scott-Brown's work is indicative of these interests. See Venturi, Scott-Brown, and Steven Izenour, Learning from Las Vegas: The Forgotten Symbolism of Architectural Form (Cambridge, MA: MIT Press, 1977).

9. Charles Jencks, The Language of Post-Modern Architecture (New York: Rizzoli, 1977). On Fordism and its relation to postmodern architecture, see Patrik Schumacher and Christian Rogner, "After Ford," in Stalking Detroit, ed. Georgia Daskalakis, Charles Waldheim, and Jason Young (Barcelona: ACTAR, 2001), 48–56.
10. Harvard University's Urban Design Program began in 1960, and the discipline grew in popularity with increased enrollments, increased numbers of degrees conferred, and the addition of new degree programs during the 1970s and '80s.
11. Allen, "Mat Urbanism: The Thick 2-D," 125.
12. For contemporaneous critical commentary on la Villette, see Anthony Vidler, "Trick-Track," in La Case Vide: La Villette, by Bernard Tschumi (London: Architectural Association, 1985), and Jacques Derrida, "Point de folie—Maintenant l'architecture," AA Files, no. 12 (Summer 1986): 65–75.
13. Bernard Tschumi, La Villette Competition Entry, "The La Villette Competition," Princeton Journal, vol. 2, "On Landscape" (1985): 200–210.
14. Rem Koolhaas, Delirious New York: A Retroactive Manifesto for New York (New York: Oxford University Press, 1978).

15. Rem Koolhaas, "Congestion without Matter," S,M,L,XL (New York: Monacelli, 1999), 921.
16. Kenneth Frampton, "Towards a Critical Regionalism: Six Points for an Architecture of Resistance," in The Anti-Aesthetic, ed. Hal Foster (Seattle: Bay Press, 1983), 17.
17. Kenneth Frampton, "Toward an Urban Landscape," Columbia Documents (New York: Columbia University, 1995), 89, 92.
18. Rem Koolhaas, "IIT Student Center Competition Address," Illinois Institute of Technology, College of Architecture, Chicago, March 5, 1998.
19. Peter Rowe, Making a Middle Landscape (Cambridge, MA: MIT Press, 1991).
20. Frampton, "Toward an Urban Landscape," 83–93.
21. Among these see, for example, Lars Lerup, "Stim and Dross: Rethinking the Metropolis," in After the City (Cambridge, MA: MIT Press, 2000), 47–61.
22. Rem Koolhaas, "Atlanta," S, M, L, XL (New York: Monacelli, 1999), 835.
23. Among the sources of this material of interest to architects and landscape architects is ecologist Richard T. T. Forman. See Wenche E. Dramstad, James D. Olson, and Richard T. T. Forman, Landscape Ecology Principles in Landscape Architecture and Land-Use Planning (Cambridge, MA: Harvard University Graduate School of Design; Washington, DC: Island Press, 1996).
24. Richard Weller, "Toward an Art of Infrastructure in the Theory and Practice of Contemporary Landscape Architecture," keynote address, "MESH" conference, Royal Melbourne Institute of Technology, Melbourne, Australia, July 9, 2001. See also Richard Weller, "Between Hermeneutics and Datascapes: A Critical Appreciation of Emergent Landscape Design Theory and Praxis through the Writings of James Corner, 1990–2000," Landscape Review 7, no. 1 (2001): 3–44; and Richard Weller, "An Art of Instrumentality: Thinking through Landscape Urbanism," in The Landscape Urbanism Reader, ed. Charles Waldheim (New York: Princeton Architectural Press, 2006), 69–85.
25. On the work of Adriaan Geuze / West 8, see "West 8 Landscape Architects," in Het Landschap / The Landscape: Four International Landscape Designers (Antwerpen: deSingel, 1995), 215–53, and Luca Molinari, ed., West 8 (Milan: Skira, 2000).
26. Downsview and Fresh Kills have been the subject of extensive documentation, including essays in Praxis, no. 4, Landscapes (2002). For additional information see Julia Czerniak, ed., CASE: Downsview Park Toronto (Munich: Prestel; Cambridge, MA: Harvard Graduate School of Design, 2001); and Charles Waldheim, "Park = City? The Downsview Park Competition," Landscape Architecture Magazine 91, no. 3 (2001): 80–85, 98–99.
27. On the work of Chris Reed and Stoss Landscape Urbanism, see StossLU (Seoul: C3 Publishers, 2007); Topos: The International Review of Landscape Architecture and Urban Design, no. 71, "Landscape Urbanism" (June 2010); and Jason Kentner, ed., Stoss Landscape Urbanism, Sourcebooks in Landscape Architecture (Columbus: Ohio State University, 2013).
28. Following the initial academic conference on the subject hosted by the Graham Foundation in Chicago in April 1997, academic programs in landscape urbanism were launched at the University of Illinois at Chicago in 1997–98 and the Architectural Association School of Architecture in London in 1999–2000.
29. See Mohsen Mostafavi and Ciro Najle, eds. Landscape Urbanism: A Manual for the Machinic Landscape (London: AA School of Architecture, 2004); and Waldheim, Landscape Urbanism Reader.

第二章　自主性，不确定性，自组织

Aspects of this argument were developed in Charles Waldheim, "Indeterminate Emergence: Problematized Authorship in Contemporary Landscape Practice," Topos: The International Review of Landscape Architecture and Urban Design, no. 57 (October 2006): 82–88.

Epigraph: Rem Koolhaas, "Whatever Happened to Urbanism," S, M, L, XL (New York: Monacelli, 1999), 959, 971.
1. See Rem Koolhaas, "Congestion without Matter: Parc de la Villette," S, M, L, XL (New York: Monacelli, 1999), 894–935; and Bernard Tschumi, Cinegram folie: Le Parc de la Villette (New York: Princeton Architectural Press, 1988). For the theoretical underpinnings of Tschumi's concept of event and the city as an open work, see Bernard Tschumi, Architecture and Disjunction (Cambridge, MA: MIT Press,

1996).
2. Rem Koolhaas, “Project for a ‘Ville Nouvelle,’ Melun-Sénart, 1987,” Rem Koolhaas, Projectes urbans (1985–1990) = Rem Koolhaas, Urban Projects (1985–1990) (Barcelona: Gustavo Gili, 1991), 44–47; Rem Koolhaas, “Surrender: Ville Nouvelle Melun-Sénart,” S, M, L, XL (New York: Monacelli, 1999), 972–89.
3. Alex Wall, “Programming the Urban Surface,” in Recovering Landscape, ed. James Corner (New York: Princeton Architectural Press, 1999), 233–49; Stan Allen, “Infrastructural Urbanism,” and “Field Conditions,” in Points and Lines: Diagrams and Projects for the City (New York: Princeton Architectural Press, 1999), 46–89, 90–137.
4. Michael Speaks, “Design Intelligence: Or Thinking after the End of Metaphysics,” Architectural Design 72, no. 5 (2002): 4–6; and “Design Intelligence: Part 1, Introduction,” A+U (December 2002): 10–18; James Corner, “Not Unlike Life Itself: Landscape Strategy Now,” Harvard Design Magazine, no. 21 (Fall 2004 / Winter 2005): 32–34.
5. Detlef Mertins, “Mies, Organic Architecture, and the Art of City Building,” in Mies in America, ed. Phyllis Lambert (New York: Harry Abrams, 2001), 591–641; Sanford Kwinter, “Soft Systems,” in Culture Lab, ed. Brian Boigon (New York: Princeton Architectural Press, 1996), 207–28; Sanford Kwinter and Umberto Boccioni, “Landscapes of Change: Boccioni’s ‘Stati d’animo’ as a General Theory of Models,” Assemblage, no. 19 (December 1992): 50–65.
6. Michel Foucault, Death and the Labyrinth (Berkeley: University of California Press, 1986), 177.
7. Raymond Roussel, Comment j’ai écrit certains de mes livres (Paris: Gallimand, 1935, reprinted 1995).
8. Gloria Moure, Marcel Duchamp, trans. Robert Marrast (Paris: Editions Albin Michel, 1988).
9. Peter Eisenman, “Post-Functionalism,” Oppositions, no. 6 (Fall 1976): i–iii.
10. Stan Allen, “Infrastructural Urbanism,” in Points and Lines: Projects and Diagrams for the City (New York: Princeton Architectural Press, 1999), 46–89; Stan Allen, “From Object to Field,” Architectural Design, Profile no. 127, Architecture after Geometry (1997): 24–31.
11. See Anatxu Zabalbeascoa, Igualada Cemetery: Enric Miralles and Carme Pinós, Architecture in Detail (London: Phaidon, 1996); Enric Miralles / Carme Pinós, “Obra construita / Built works, 1983–1994,” El Croquis 30, no. 49–50 (1994).
12. Alejandro Zaera-Polo and Farshid Moussavi, The Yokohama Project (Barcelona: Actar, 2002); Alejandro Zaera-Polo and Farshid Moussavi, Phylogenesis: FOA’s Ark (Barcelona: Actar, 2003).
13. Rosalind Krauss, “Sculpture in the Expanded Field,” October 8 (Spring 1979): 30–44; reprinted in The Originality of the Avant-Garde and Other Modernist Myths (Cambridge, MA: MIT Press, 1986), 276–90.
14. See James Corner, introduction to Recovering Landscape (New York: Princeton Architectural Press, 1999), 17.
15. While Geuze’s indebtedness to Koolhaas could be described in the context of Dutch design culture more broadly, and Geuze dismisses any direct influence, many have found much in common in the work of West 8 and OMA.
16. Adriaan Geuze, “Second Nature,” Topos, no. 71, Landscape Urbanism (June 2010): 40–42; Luca Molinari, ed., West 8 Landscape Architects (Milan: Skira, 2000).
17. Patrik Schumacher, The Autopoiesis of Architecture: A New Framework for Architecture, vol. 1 (London: Wiley, 2011); Patrik Schumacher, The Autopoiesis of Architecture: A New Framework for Architecture, vol. 2 (London: Wiley, 2012); Mohsen Mostafavi and Ciro Najle, eds., Landscape Urbanism: A Manual for the Machinic Landscape (London: AA School of Architecture, 2004).
18. Groundswell: Constructing the Contemporary Landscape, Museum of Modern Art, February 25–May 16, 2005; Peter Reed, ed., Groundswell: Constructing the Contemporary Landscape (New York: Museum of Modern Art, 2005).
19. Peter Reed, “Beyond Before and After: Designing Contemporary Landscape,” in Groundswell: Constructing the Contemporary Landscape, 14–32.
20. See William Howard Adams and Stuart Wrede, eds., Denatured Visions: Landscape and Culture in the Twentieth Century (New York: Museum of Modern Art, 1991).
21. David Harvey, “Where Is the Outrage?,” keynote lecture, Groundswell: Constructing the Contemporary Landscape, Museum of Modern Art, April 15, 2005.
22. Reed, “Beyond Before and After,” 16–17.
23. David Harvey, The Condition of Postmodernity: An Enquiry into the Origins of Cultural Change (Oxford: Blackwell, 1990). On the topic of social conditions and the limits of design, see David Harvey, “The New Urbanism and the Communitarian Trap,” Harvard Design Magazine, no. 1 (Winter/Spring 1997): 68–69.

第三章 规划，生态，景观的出现

Aspects of this argument were developed in Charles Waldheim, “Design, Agency, Territory: Provisional Notes on Planning and the Emergence of Landscape,” New

Geographies, no. 0 (Fall 2008): 6–15.

Epigraph: Julia Czerniak, "Introduction, Appearance, Performance: Landscape at Downsview," in CASE: Downsview Park Toronto, ed. Julia Czerniak (New York: Prestel, 2001), 16.

1. This gloss of the current paradigms available to planning has been summarized in Harvard Design Magazine, no. 22, "Urban Planning Now: What Works, What Doesn't?" (Spring/Summer 2005); and in the corresponding Harvard Design Magazine Reader, no. 3, Urban Planning Today, ed. William S. Saunders (Minneapolis: University of Minnesota Press, 2006).

2. Sert's implicit critique of planning and his conception of urban design are described in Harvard Design Magazine, no. 24, "The Origins and Evolution of Urban Design, 1956–2006" (Spring/Summer 2006). Also included in that volume is evidence of the ironic and short-lived proposal that urban design at Harvard be housed within the discipline of landscape architecture; see Richard Marshall, "The Elusiveness of Urban Design: The Perpetual Problems of Definition and Role," Harvard Design Magazine, no. 24 (Spring/Summer 2006): 21–32.

3. The description of urban design in a state of crisis is an oft-repeated claim, most recently summarized in Harvard Design Magazine, no. 25, "Urban Design Now" (Fall 2006 / Winter 2007). The most specific instance of this can be found in Michael Sorkin's introductory essay, which sets the tone for that volume: Michael Sorkin, "The End(s) of Urban Design," Harvard Design Magazine, no. 25 (Fall 2006 / Winter 2007): 5–18. Further evidence is found in the following roundtable discussion moderated by William Saunders, "Urban Design Now: A Discussion," Harvard Design Magazine, no. 25 (Fall 2006 / Winter 2007): 19–42.

4. Among the authors recently engaged in rereading the perceived failures of modernist planning vis-à-vis the city are Hashim Sarkis, ed., CASE: Le Corbusier's Venice Hospital and the Mat Building Revival (Munich: Prestel; Cambridge, MA: Harvard University Graduate School of Design, 2001); Farès el-Dahdah, ed., CASE Lucio Costa: Brasilia's Superquadra (Munich: Prestel; Cambridge, MA: Harvard University Graduate School of Design, 2005); Sarah Whiting, "Superblockism: Chicago's Elastic Grid," in Shaping the City: Studies in History, Theory, and Urban Design, ed. Rodolphe el-Khoury and Edward Robbins (New York: Routledge, 2004), 57–76; Richard Sommer, "The Urban Design of Philadelphia: Taking the Town for the City," in Shaping the City: Studies in History, Theory, and Urban Design, ed. Rodolphe el-Khoury and Edward Robbins (New York: Routledge, 2004), 135–76; Keller Easterling, Organization Space: Landscapes, Highways, and Houses in America (Cambridge, MA: MIT Press, 1999); and Hilary Ballon, Robert Moses and the Modern City: The Transformation of New York (New York: Norton, 2007).

5. This critique is both ambient in the contemporary discourse of landscape architecture and an ongoing source of great debate within and between the various flanks of the landscape discipline. It recommends an area deserving of more serious historical inquiry. As the majority of the historical material on McHarg has been relatively uncritical and occasionally veers into the metaphysical, the critical evaluation and historical contextualization of McHarg's work remains to be completed, and would be of great value to this discussion.

6. See Corner, introduction to Recovering Landscape; and Weller, "An Art of Instrumentality," Landscape Urbanism Reader.

7. As we saw in chapter 2, James Corner studied ecological planning at the University of Pennsylvania, and Adriaan Geuze studied ecological planning at Wageningen University in the Netherlands. Both subsequently explored the relation between ecology as a model for design and contemporary design culture associated with postmodern theory.

8. On this question, and the historical reception of McHarg's theories of ecological planning, see Frederick Steiner, "The Ghost of Ian McHarg," Log, no. 13–14 (Fall 2008): 147–51.

9. For an overview of the state of planning in the context of major urban projects in North America, see Alexander Garvin, "Introduction: Planning Now for the Twenty-First Century," in Urban Planning Today, ed. William Saunders (Minneapolis: University of Minnesota Press, 2006), xi–xx; and Harvard Design Magazine, no. 22, "Urban Planning Now: What Works, What Doesn't?" (Spring/Summer 2005); and for particular case studies in community consultation, donor culture, and design competitions, see Joshua David and Robert Hammond, High Line: The Inside Story of New York City's Park in the Sky (New York: Farrar, Straus, and Giroux, 2011); Timothy J. Gilfoyle, Millennium Park: Creating a Chicago Landmark (Chicago: University of Chicago Press, 2006); and John Kaliski, "Democracy Takes Command: New Community Planning and the Challenge to Urban Design," in Urban Planning Today, ed. William Saunders (Minneapolis: University of Minnesota Press, 2006), 24–37.

10. As we saw in chapter 2, the emergent practices of indeterminacy and open-endedness benefited from English

language theory articulated through French grands projets for postindustrial parks, public amenities, and new towns.
11. For an overview of recent public space and infrastructure projects in western Europe from a landscape urbanist perspective, see Kelly Shannon and Marcel Smets, The Landscape of Contemporary Infrastructure (Amsterdam: NAI Publishers, 2010).
12. See David and Hammond, High Line; Gilfoyle, Millennium Park; and Gene Desfor and Jennifer Laidley, Reshaping Toronto's Waterfront (Toronto: University of Toronto Press, 2011).
13. See http://www.nycgovparks.org/park-features/freshkills-park (accessed December 31, 2013).
14. See David and Hammond, High Line.
15. See http://www.shoparc.com/project/East-River-Waterfront (accessed December 21, 2014); http://www.mvvainc.com/project.php?id=7&c=parks (accessed December 21, 2014); http://www.mvvainc.com/project.php?id=3&c=parks (accessed December 21, 2014); and http://www.west8.nl/projects/all/governors_island/ (accessed December 21, 2014).
16. See Gilfoyle, Millennium Park.
17. See http://www.west8.nl/projects/toronto_central_waterfront/
(accessed December 31, 2013); and http://www.waterfrontoronto.ca/explore_projects2/central_waterfront/planning_the_community/central_waterfront_design_competition
(accessed December 31, 2013).
18. See http://www.waterfrontoronto.ca/lowerdonlands (accessed December 31, 2013); and http://www.waterfrontoronto.ca/lower_don_lands/lower_don_lands_design_competition (accessed December 31, 2013).
19. See Alex Wall, "Green Metropolis," New Geographies 0, ed. Neyran Turan (September 2009): 87–97; Christopher Hight, "Re-Born on the Bayou: Envisioning the Hydrauli[CITY]," Praxis, no. 10, Urban Matters (October 2008); Christopher Hight, Natalia Beard, and Michael Robinson, "Hydrauli[CITY]: Urban Design, Infrastructure, Ecology," ACADIA, Proceedings of the Association for Computer Aided Design in Architecture (October 2008): 158–65; and http://www.hydraulicity.org/ (accessed December 31, 2013).
20. See http://landscapeurbanism.aaschool.ac.uk/programme/
people/contacts/groundlab/ (accessed December 31, 2013); and http://groundlab.org/portfolio/groundlabproject-deep-ground-longgang-china/ (accessed December 31, 2013).

第四章　后福特主义经济和物流景观

Aspects of this argument were developed in Charles Waldheim and Alan Berger, "Logistics Landscape," Landscape Journal 27, no. 2 (2008): 219–46.

Epigraph: Kenneth Frampton, "Toward an Urban Landscape," Columbia Documents (New York: Columbia University, 1995), 89.
1. See, among others, Jane Jacobs, The Economy of Cities (New York: Vintage, 1970).
2. Georg Simmel, "The Metropolis and Mental Life," in On Individuality and Social Forms, ed. D. Levine (Chicago: University of Chicago Press, 1903), 324–39.
3. David Harvey, The Condition of Postmodernity: An Enquiry into the Origins of Cultural Change (Cambridge: Blackwell Publishers), 1990; and Edward Soja, Postmodern Geographies (New York: Verso), 1989.
4. See Harvey, The Condition of Postmodernity; David Harvey, "Flexible Accumulation through Urbanization: Reflections on 'Post-Modernism' in the American City," in Post-Fordism: A Reader, ed. Ash Amin (Cambridge: Blackwell, 1994), 361–86; Soja, Postmodern Geographies; and Edward Soja, Postmetropolis: Critical Studies of Cities and Regions (Cambridge: Blackwell, 2000).
5. James Corner, "Terra Fluxus," in The Landscape Urbanism Reader, ed. Charles Waldheim (New York: Princeton Architectural Press, 2006), 22–33; and Richard Weller, "An Art of Instrumentality: Thinking through Landscape Urbanism," in The Landscape Urbanism Reader, ed. Charles Waldheim (New York: Princeton Architectural Press, 2006), 71.
6. See Corner, "Terra Fluxus"; and Weller, "An Art of Instrumentality."
7. Neil Brenner and Roger Keil, "Introduction: Global City Theory in Retrospect and Prospect," in The Global Cities Reader, ed. N. Brenner and R. Keil (London: Routledge, 2005), 1–16; Robert Bruegmann, Sprawl: A Compact History (Chicago: University of Chicago Press, 2005); and Patrik Schumacher and Christian Rogner, "After Ford," in Stalking Detroit, ed. G. Daskalakis, C. Waldheim, and J. Young (Barcelona: Actar, 2001), 48–56.
8. See Brenner and Keil, "Introduction: Global City Theory in Retrospect and Prospect"; and Schumacher and Rogner, "After Ford."
9. See Harvey, Condition of Postmodernity.
10. Ibid., 147.

11. See Corner, "Terra Fluxus"; and Peter Reed, Groundswell: Constructing the Contemporary Landscape (New York: Museum of Modern Art, 2005).
12. See David Harvey, "Where Is the Outrage?" keynote lecture, Groundswell: Constructing the Contemporary Landscape, Museum of Modern Art, April 15, 2005; and Peter Reed, "Beyond Before and After," Groundswell.
13. Harvey, Condition of Postmodernity; and Harvey, "Flexible Accumulation through Urbanization."
14. Marc Levinson, The Box: How the Shipping Container Made the World Smaller and the World Economy Bigger (Princeton, NJ: Princeton University Press, 2006); and Brian J. Cudahy, Box Boats: How Container Ships Changed the World (New York: Fordham University Press, 2006).
15. Alejandro Zaera-Polo, "Order out of Chaos: The Material Organization of Advanced Capitalism," Architectural Design Profile, no. 108 (1994): 24–29.
16. Susan Nigra Snyder and Alex Wall, "Emerging Landscapes of Movement and Logistics," Architectural Design Profile, no. 134 (1998): 16–21.
17. Alex Wall, "Programming the Urban Surface," in Recovering Landscape, ed. James Corner (New York: Princeton Architectural Press, 1999), 233–49.
18. For more recent scholarship on logistics and urbanism, see Neil Brenner, ed., Implosions/Explosions:
Towards a Study of Planetary Urbanization (Berlin: Jovis, 2014); Keller Easterling, Extrastatecraft: The Power of Infrastructure Space (Brooklyn: Verso, 2014); and Clare Lyster, "The Logistical Figure," Cabinet 47 (Fall 2012): 55–62.
19. See Levinson, The Box; and Cudahy, Box Boats.
20. See Levinson, The Box; and Cudahy, Box Boats.
21. See Levinson, The Box; and Cudahy, Box Boats.
22. See Adriaan Geuze, "Borneo/Sporenburg, Amsterdam," in Adriaan Geuze / West 8 Landscape Architecture (Rotterdam: 010 Publishers, 1995), 68–73; and Adriaan Geuze, "Borneo Sporenburg 2500 Voids," West 8 (Milan: Skira, 2000), 24–33.
23. See Zaera-Polo, "Order out of Chaos"; Snyder and Wall, "Emerging Landscapes of Movement and Logistics"; and Wall, "Programming the Urban Surface."
24. Manuel Castells, The Informational City (Oxford: Blackwell, 1999); and Manuel Castells, The Information Age: Economy, Society, and Culture, vol. 1, The Rise of the Network Society (Oxford: Blackwell, 2000).
25. See Adriaan Geuze, "Schouwburgplein, Rotterdam," in Adriaan Geuze / West 8 Landscape Architecture (Rotterdam: 010 Publishers, 1995), 50–53; Stan Allen, "Infrastructural Urbanism," in Points and Lines: Diagrams and Projects for the City (New York: Princeton Architectural Press, 1999), 46; and Andrea Branzi, D. Donegani, A. Petrillo, and C. Raimondo, "Symbiotic Metropolis: Agronica," in The Solid Side: The Search for Consistency in a Changing World, ed. Ezio Manzini and Marco Susani (Netherlands: V+K Publishing / Philips, 1995), 101–20.
26. Richard Hanley, Moving People, Goods, and Information in the 21st Century: The Cutting-Edge Infrastructures of Networked Cities (London: Routledge, 2003); Stephen Graham and Simon Marvin, "More Than Ducts and Wires: Post-Fordism, Cities, and Utility Networks," in Managing Cities: The New Urban Context, ed. P. Healy et al. (New York: John Wiley and Sons, 1995), 169–90; Stephen Graham and Simon Marvin, Telecommunications and the City
(London: Routledge, 1996); and Stephen Graham and Simon Marvin, Splintering Urbanism: Networked Infrastructure, Technological Mobilities, and the Urban Condition (London: Routledge, 2001).
27. "Finance and Economics: Sizzling, the Big Mac Index," Economist (July 7, 2007): 82.
28. Michael Pollan, The Omnivore's Dilemma: A Natural History of Four Meals (New York: Penguin, 2006).

第五章　城市危机和景观的起源

Aspects of this argument were developed in Charles Waldheim, "Detroit, Disabitato, and the Origins of Landscape," in Formerly Urban: Projecting Rustbelt Futures, ed. Julia Czerniak (New York: Princeton Architectural Press, 2013), 166–83; and Charles Waldheim, "Motor City," in Shaping the City: Case Studies in Urban History, Theory, and Design, ed. Rodolphe el-Khoury and Edward Robbins (London: Routledge, 2003), 77–97.

Epigraph: Christopher Wood, Albrecht Altdorfer and the Origins of Landscape (Chicago: University of Chicago Press, 1993), 25.
1. "Formerly Urban: Projecting Rust Belt Futures" conference,
Syracuse University School of Architecture, October 13–14, 2010.
2. Michel de Certeau, The Practice of Everyday Life, trans. Steven Rendall (Berkeley: University of California Press, 1984), 190.
3. While the topic of "shrinkage" was manifest in the work of several American academics and theorists dealing with urban restructuring through the 1990s, the German Federal Cultural Ministry gave it greater visibility in 2002 with the funding of a multiyear research program under the

Englishlanguage
title “Shrinking Cities” and led by Philip Oswalt.
See Oswalt et al., Shrinking Cities: The Complete Works, vols. 1–2 (Berlin: Hatje Cantz, 2006); and Oswalt et al., Atlas of Shrinking Cities (Berlin: Hatje Cantz, 2006).
4. On the topic of Detroit and the postindustrial American city, see Thomas Sugrue, “Crisis: Detroit and the Fate of Postindustrial America,” in The Origins of the Urban Crisis (Princeton, NJ: Princeton University Press, 1996), 259–71.
5. Detroit Vacant Land Survey, City of Detroit City Planning Commission, August 24, 1990.
6. “Day of the Bulldozer,” Economist (May 8, 1993): 33–34.
7. Paul Virilio, “The Overexposed City,” Zone, no. 1–2, trans. Astrid Hustvedt (New York: Urzone, 1986). In 1998, Detroit's mayor Dennis Archer secured $60 million in loan guarantees from the US Department of Housing and Urban Development to finance the demolition of every abandoned residential building in the city. See “Dismantling the Motor City,” Metropolis (June 1998): 33.
8. Dan Hoffman, “Erasing Detroit,” in Stalking Detroit, ed. G. Daskalakis, C. Waldheim, and J. Young (Barcelona: ACTAR, 2001), 100–103.
9. Cultural geographer Denis Cosgrove argues that landscape
“first emerged as a recognized genre in the most economically advanced, densest settled and most highly urbanized regions of fifteenth-century Europe: in Flanders and upper Italy.” See Denis Cosgrove, Social Formation and Symbolic Landscape (Madison: University of Wisconsin Press, 1984), 20.
10. E. H. Gombrich, “The Renaissance Theory of Art and the Rise of Landscape,” in Gombrich on the Renaissance, vol. 1, Norm and Form (New York and London: Phaidon Press, 1985), 107–21.
11. Denis Cosgrove, Social Formation and Symbolic Landscape (Madison: University of Wisconsin Press, 1984), 87–88.
12. J. B. Jackson, “The Word Itself,” in Discovering the Vernacular Landscape (New Haven, CT: Yale University Press, 1984), 1–8.
13. “Landscape,” Oxford English Dictionary, 2nd ed., vol. 8 (1989), 628–29.
14. Howard Hibbard, Carlo Maderno and Roman Architecture, 1580–1630 (London: A. Zwimmer, 1971). For further characterization of Rome's recession in late antiquity, see Bertrand Lançon, Rome in Late Antiquity: Everyday Life and Urban Change, 312–609, trans. Antonia Nevill (Edinburgh: Edinburgh University Press, 2000).
15. The Dizionario Etimologico Italiano (p. 1321) describes “disabitato” as a transitive reflexive form of “abitare,” the verb for dwell or inhabit. On the sequence and timing of “disabitato” as a generic term and a specific place name, see Richard Krautheimer, Rome: Profile of a City, 312–1308 (Princeton, NJ: Princeton University Press, 1980); and Gerhart B. Ladner's book review of R. Krautheimer, Rome: Profile of a City, 312–1308, in the Art Bulletin 65, no. 2 (1983): 336–39.
16. Krautheimer, Rome: Profile of a City, 312–1308, 256.
17. Charles L. Stinger, The Renaissance in Rome (Bloomington: Indiana University Press, 1985).
18. Marten von Heenskerck, Sketchbook, 1534–36; Hieronymus Cock, Sketchbook, 1558; Du Pérac-Lafrérly, View of Rome, 1575; Du Pérac-Lafrérly, Map of Rome, 1577; Cartaro, Map of Rome, 1576; Brambilla, Map of Rome, 1590; Tempesta, Map of Rome, 1593.
19. John Dixon Hunt, Garden and Grove: The Italian Renaissance Garden in the English Imagination, 1600–1750 (Philadelphia: University of Pennsylvania Press, 1996), 32, 21.
20. G. B. Falda, Map of Rome, 1676; G. B. Falda, Li Giardini di Roma, 1683.
21. G. B. Nolli, La Nuova Topografia di Roma, 1748.
22. Richard Deakin, Flora of the Colosseum of Rome; or, Illustrations and Descriptions of Four Hundred and Twenty Plants Growing Spontaneously upon the Ruins of the Colosseum of Rome (London: Groombridge and Sons, 1855).
For further context on Deakin's depiction of spontaneous vegetation among the ruins, see Christopher Woodward, In Ruins (London: Vintage, 2001), 23–24.
23. Denis Cosgrove, Social Formation and Symbolic Landscape (Madison: University of Wisconsin Press, 1984), 158.
24. Richard Rand, Claude Lorrain: The Painter as Draftsman, Drawings from the British Museum (New Haven, CT: Yale University Press, 2006). Michael Kitson, Claude Lorrain, Liber Veritatis (London: British Museum, facsimile edition reprinted 1978). See also Marcel Rothlisberger, Claude Lorrain: The Paintings, vols. 1–2 (New Haven, CT: Yale University Press, 1961); and Marcel Rothlisberger, Claude Lorrain: The Drawings, vols. 1–2 (Berkeley: University of California Press, 1968).
25. Rand, Claude Lorrain: The Painter as Draftsman, 52–53.
26. Ibid., 58.
27. Ibid., 23.
28. Jeremy Black, Italy and the Grand Tour (New Haven, CT: Yale University Press, 2003), 51.
29. Ibid., 205.
30. John Dixon Hunt, The Figure in the Landscape: Poetry,

Painting, and Gardening during the Eighteenth Century (Baltimore: Johns Hopkins University Press, 1989), 39–43.
31. John Dixon Hunt, The Picturesque Garden in Europe (London: Thames and Hudson, 2002), 34.
32. For example, see William Gilpin's Remarks on Forest Scenery (1791), as referenced in Hunt, The Picturesque Garden in Europe, 337–38; and Uvedale Price's An Essay on the Picturesque (1794), as referenced in Hunt, Picturesque Garden in Europe, 351.
33. E. H. Gombrich, "From Light into Paint," and "The Image in the Clouds," in Art and Illusion: A Study in the Psychology of Pictorial Representation, 6th ed. (New York and London: Phaidon Press, 2002), 29–54, 154–69.
34. Rand, Claude Lorrain: The Painter as Draftsman, 22.

第六章　城市秩序和结构的变革

Aspects of this argument were developed in Charles Waldheim, "Introduction: Landscape, Urban Order, and Structural Change," in CASE: Lafayette Park Detroit, ed. Charles Waldheim (Munich: Prestel; Cambridge, MA: Harvard Graduate School of Design, 2004), 19–27.

Epigraph: Ludwig Hilberseimer, The New Regional Pattern: Industries and Gardens, Workshops and Farms (Chicago: Paul Theobald, 1949), 171, 174. Hilberseimer extended this argument specifically to the Gratiot (Lafayette) site in his preliminary project notes, declaring: "Our existing street system is going back to ancient times; however motor vehicles have rendered this once perfect system obsolete. Therefore we construct highways but usually forget the pedestrian for whom each street corner is a death-trap. To avoid this there should be no through traffic within a residential area but it should also be possible to reach each house or building by car." Ludwig Hilberseimer, unpublished notes on Gratiot Redevelopment Project, July 1955 (two pages), Hilberseimer Papers, Series VI (Projects), Ryerson and Burnham Libraries, Art Institute of Chicago.
1. The press release by developers Greenwald and Katzin announcing the Gratiot (Lafayette) Redevelopment promised that the project would "transform the cleared 50-acre slum area ... into a flowering residential community which will help rehabilitate the core of the City." Press release from Oscar Katov and Company, Public Relations, February 1, 1956 (five pages), Hilberseimer Papers, Series VI (Projects), Ryerson and Burnham Libraries, Art Institute of Chicago.
2. See recent scholarship on Lafayette Park including Detlef Mertins, "Collaboration in Order," in CASE: Lafayette Park Detroit, ed. Charles Waldheim (Munich: Prestel; Cambridge, MA: Harvard Graduate School of Design, 2004), 11–17; Caroline Constant, "Hilberseimer and Caldwell: Merging Ideologies in the Lafayette Park Landscape," in CASE: Lafayette Park Detroit, 95–111; and Danielle Aubert, Lana Cavar, and Natasha Chandani, Thanks for the View, Mr. Mies: Lafayette Park Detroit (New York: Metropolis Books, 2012).
3. For a detailed account of race relations in post–World War II Detroit, see Thomas Sugrue, The Origins of the Urban Crisis (Princeton, NJ: Princeton University Press, 1996), especially pertinent to the discussion of race and housing is the section "Urban Redevelopment" in the chapter "Detroit's Time Bomb: Race and Housing in the 1940s," 47–51. For a thorough accounting of the urban renewal process in Detroit, see Roger Montgomery, "Improving the Design Process in Urban Renewal," Journal
191
of the American Institute of Planners 31, no. 1 (1965): 7–20.
4. See Constant, "Hilberseimer and Caldwell." Hilberseimer explicitly referred often in his teaching to Lafayette Park as an alternative to Levittown, see Oral History of Peter Carter (Chicago: Art Institute of Chicago, 1996).
5. For a detailed analysis of this subject, see Janine Debanne, "Claiming Lafayette Park as Public Housing," in CASE: Lafayette Park Detroit, 67–79. Also see Aubert, Cavar, and Chandani, Thanks for the View, Mr. Mies: Lafayette Park Detroit. US Census Bureau figures for Detroit indicate that in 2000 the city of Detroit's population was nearly 80 percent African American while the surrounding
suburban population was nearly 80 percent white.
While much of the professional press on Lafayette Park was quite positive, accepting Greenwald's progressive politics at face value, certain critics found the project bourgeois at best, and racist at worst.
6. George Danforth, "Pavilion Apartments and Town Houses, 1955–1963" and "Lafayette Towers, 1960," in Mies van der Rohe Archive, ed. Arthur Drexler, vol. 16 (New York: Museum of Modern Art, 1992), 412–99, 612–22. For a more detailed account of the settlement unit, see Caroline Constant, "Hilberseimer and Caldwell: Merging Ideologies in the Lafayette Park Landscape," in CASE: Lafayette Park Detroit, 95–111. For an account of the origins and development of the settlement unit for Lafayette Park, see David Spaeth, "Ludwig Hilberseimer's Settlement Unit: Origins and Applications," in In the Shadow of Mies: Ludwig Hilberseimer, Architect, Educator, and Urban Planner, ed.

Richard Pommer, David Spaeth, and Kevin Harrington (New York: Rizzoli; Chicago: Art Institute of Chicago, 1988), 54–68.
7. On the planning and spatial development of the IIT campus plan in the context of Chicago's urban renewal, see Sarah Whiting, "Bas-Relief Urbanism: Chicago's Figured Field," in Mies in America, ed. Phyllis Lambert (New York: Harry Abrams, 2001), 642–91.
8. Oral history of Joseph Fujikawa, Chicago, Art institute of Chicago, 1996, 133.
9. See Constant, "Hilberseimer and Caldwell"; and, Oral history of Alfred Caldwell, Chicago, Art Institute of Chicago, 1987.
10. Richard Pommer, " 'More a Necropolis than a Metropolis,' Ludwig Hilberseimer's Highrise City and Modern City Planning," in In the Shadow of Mies: Ludwig Hilberseimer. Architect, Educator, and Urban Planner, 16–53.
11. See Spaeth, "Ludwig Hilberseimer's Settlement Unit," 54–68.
12. See ibid.
13. Ludwig Hilberseimer, The New Regional Pattern: Industries and Gardens, Workshops and Farms (Chicago: Paul Theobald, 1949), 171, 174. See also Detlef Mertins, "Mies, Organic Architecture, and the Art of City Building," in Mies in America, ed. Phyllis Lambert (New York: Harry Abrams, 2001), 591–641; and Detlef Mertins, "Collaboration in Order," in CASE: Lafayette Park Detroit, 11–17.
14. Phyllis Lambert, "In the Shadow of Mies," symposium, Art Institute of Chicago, September 14–17, 1988.
15. Hilberseimer's commitment to equity informed planning projects that embodied equal conditions for all, most notably through equitable access to healthful housing. For Hilberseimer this suggested the necessity of equitable distribution of land as well as access to sunlight throughout the year. By correlating social equity to arable land and access to sunlight Hilberseimer proposed a proto-ecological urbanism.
16. Lambert, "In the Shadow of Mies."
17. Hilberseimer and Caldwell advocated for decentralization as a civil defense strategy in the wake of Hiroshima. See Caldwell, "Atomic Bombs and City Planning," Journal of the American Institute of Architects 4 (1945): 289–99; and also Hilberseimer, "Cities and Defense" (ca. 1945) reprinted in In the Shadow of Mies: Ludwig Hilberseimer, Architect, Educator, and Urban Planner, 89–93.
18. Hilberseimer, "Cities and Defense."
19. Ludwig Mies van der Rohe, introduction to The New City, by L. Hilberseimer (Chicago: Paul Theobald, 1944), xv.
20. Ludwig Hilberseimer, unpublished notes on Gratiot Redevelopment Project, July 1955, Hilberseimer Papers, Series VI (Projects), Ryerson and Burnham Libraries, Art Institute of Chicago.
21. Press release from Oscar Katov and Company, Public Relations, February 1, 1956, Hilberseimer Papers, Series VI (Projects), Ryerson and Burnham Libraries, Art Institute of Chicago.
22. In his 1956 book on Mies's work, Hilberseimer credits himself as planner for the Gratiot Redevelopment Project. Ludwig Hilberseimer, Mies van der Rohe (Chicago: Paul Theobald, 1956), 104–8.
23. On Costa's landscape urbanism at Brasilia, see Farès el-Dahdah, ed., CASE: Lucio Costa: Brasilia's Superquadra (Munich: Prestel; Cambridge, MA: Harvard University Graduate School of Design, 2005).
24. Oral history of Peter Carter, interviewed by Betty Blum, Chicago, Art Institute of Chicago, 1996, 346.
25. George Danforth, "Hilberseimer Remembered," in In the Shadow of Mies: Ludwig Hilberseimer, Architect, Educator, and Urban Planner, 13.
26. "A Tower Plus Row Houses in Detroit," Architectural Forum 112, no. 5 (1960): 104–13, 222.
27. Alison Smithson and Peter Smithson, Without Rhetoric: An Architectural Aesthetic, 1955–1972 (Cambridge, MA: MIT Press, 1974); reviewed by Kenneth Frampton, Journal of the Society of Architectural Historians 35, no. 3 (1976): 228.
28. Sybil Moholy-Nagy, "Villas in the Slums," Canadian Architect (September 1960): 39–46.
29. Manfredo Tafuri and Francesco Dal Co, Modern Architecture, vol. 2 (Milan: Electa, 1980), 312.
30. Charles Jencks, "The Problem of Mies," Architectural Association Journal, no. 81 (May 1966): 301–4.
31. Charles Jencks, The Language of Post-Modern Architecture (New York: Rizzoli, 1977). The televised event on April 22, 1972, was actually the second in a series of demolitions that began in March and ended in June of that year. For a historically informed rebuttal of Jencks, see Katharine G. Bristol, "The Pruitt-Igoe Myth," Journal of Architectural Education 44, no. 3 (1991): 163–71.
32. George Baird, "Les extremes qui se touchant?" Architectural Design 47, no. 5 (1977): 326–27.
33. Joseph Rykwert, "Die Stadt unter dem Stricht: Ein bilzanz," Berlin, 1984.
34. Peter Blundell Jones, "City Father, book review of In the Shadow of Mies: Ludwig Hilberseimer, Architect, Educator, and Urban Planner by Richard Pommer, David Spaeth, and Kevin Harrington," Architect's Journal 190,

no. 7 (1989): 75.
35. K. Michael Hays, Modernism and the Posthumanist Subject: The Architecture of Hannes Meyer and Ludwig Hilberseimer (Cambridge, MA: MIT Press, 1992).

第七章　农业都市主义和俯视的主题

Aspects of this argument were developed in Charles Waldheim, "Notes Toward a History of Agrarian Urbanism," Bracket, vol. 1, On Farming (2010): 18–24; Charles Waldheim, "Agrarian Urbanism and the Aerial Subject," Making the Metropolitan Landscape (London: Routledge, 2009), 29–46; and Charles Waldheim, "Urbanism, Landscape, and the Emergent Aerial Subject," in Landscape Architecture in Mutation, ed. Institute for Landscape Architecture (Zurich: ETH Zurich, gta Verlag, 2005), 117–35.

Epigraph: Ford's precise formulation was: "Industry will decentralize. There is no city that would be rebuilt as it is, were it destroyed—which fact is in itself a confession of our real estimate of our cities." Henry Ford and Samuel Crowther, My Life and Work (New York: Doubleday, 1922), 192. Hilberseimer published his slightly amended version in "Cities and Defense" (1945), which is reprinted in In the Shadow of Mies: Ludwig Hilberseimer, Architect, Educator, and Urban Planner, ed. Richard Plommer, David Spaeth, and Kevin Harrington (New York: Rizzoli; Chicago: Art Institute of Chicago, 1988), 89–93.
1. The subtitle to Hilberseimer's The New Regional Pattern: Industries and Gardens, Workshops and Farms, makes explicit reference to Petr Kropotkin's 1898 disurbanist manifesto, Fields, Factories, and Workshops.
2. Ford and Crowther, My Life and Work.
3. See Frank Lloyd Wright, The Living City (New York: Horizon Press, 1958); Ludwig Hilberseimer, The New Regional Pattern: Industries and Gardens, Workshops and Farms (Chicago: Paul Theobald, 1949); Andrea Branzi, D. Donegani, A. Petrillo, and C. Raimondo, "Symbiotic Metropolis: Agronica," in The Solid Side, ed. Ezio Manzini and Marco Susani (Netherlands: V+K Publishing / Philips, 1995), 101–20; and Andrea Branzi, "Preliminary Notes for a Master Plan," and "Master Plan Strijp Philips, Eindhoven 1999," Lotus, no. 107 (2000): 110–23.
4. The principles underpinning Wright's Broadacre project were published in 1932 in Frank Lloyd Wright, Disappearing City (New York: W. F. Payson, 1932); subsequently reformulated as When Democracy Builds (Chicago: University of Chicago Press, 1945); and referenced again in Frank Lloyd Wright, The Living City (New York: Horizon Press, 1958). For a historical overview of Broadacre's influences and contemporary reception, see Peter Hall, Cities of Tomorrow: An Intellectual History of Urban Planning and Design in the Twentieth Century (Oxford: Blackwell, 1996), 285–90.
5. For an overview of the Tennessee Valley Authority, see Walter Creese, TVA's Public Planning (Knoxville: University of Tennessee Press, 1990); Timothy Culvahouse, ed., The Tennessee Valley Authority: Design and Persuasion (New York: Princeton Architectural Press, 2007); and Hall, Cities of Tomorrow, 161–63.
6. On Wright's pacifist and isolationist politics and FBI file, see Meryle Secrest, Frank Lloyd Wright: A Biography (Chicago: University of Chicago Press, 1998), 264; and Robert McCarter, Frank Lloyd Wright (New York: Phaidon, 1999), 100–101.
7. On the work and life of Bel Geddes, see Norman Bel Geddes, Miracle in the Evening: An Autobiography, ed. William Kelley (New York: Doubleday, 1960).
8. On the role of the aerial subject in Futurama, see Adnan Morshed, "The Aesthetics of Ascension in Norman Bel Geddes's Futurama," Journal of the Society of Architectural Historians 63, no. 1 (2004): 74–99.
9. Norman Bel Geddes, Magic Motorways (New York: Stratford Press, 1940).
10. On the aerial view in urbanism, see chapters 8 and 9 in this publication.
11. David Spaeth, "Ludwig Hilberseimer's Settlement Unit: Origins and Applications," in In the Shadow of Mies: Ludwig Hilberseimer, Architect, Educator, and Urban Planner, ed. Richard Pommer, David Spaeth, and Kevin Harrington (New York: Rizzoli; Chicago: Art Institute of Chicago, 1988), 54–68.
12. For a detailed account of Caldwell's work, see Dennis Domer, Alfred Caldwell: The Life and Work of a Prairie School Landscape Architect (Baltimore: Johns Hopkins University Press, 1997).
13. George Baird, "Organicist Yearnings and Their Consequences," in The Space of Appearance (Cambridge, MA: MIT Press, 1995), 193–238.
14. See Pier Vittorio Aureli, The Project of Autonomy: Politics and Architecture within and against Architecture (New York: Princeton Architectural Press, 2008).
15. Archizoom Associates, "No-Stop City. Residential Parkings. Climatic Universal System," Domus 496 (March 1971): 49–55. For Branzi's reflections on the project, see Andrea Branzi, "Notes on No-Stop City: Archizoom Associates, 1969–1972," in Exit Utopia: Architectural Provocations, 1956–1976, ed. Martin van Schaik and

Otakar Macel (Munich: Prestel, 2005), 177–82. For more recent scholarship on the project and its relations to contemporary architectural culture and urban theory, see Kazys Varnelis, "Programming after Program: Archizoom's No-Stop City," Praxis, no. 8 (May 2006): 82–91.

16. On field conditions and contemporary urbanism, see James Corner, "The Agency of Mapping: Speculation, Critique and Invention," in Mappings, ed. Denis Cosgrove (London: Reaktion Books, 1999), 213–300; and Stan Allen, "Mat Urbanism: The Thick 2-D," in CASE: Le Corbusier's Venice Hospital and the Mat Building Revival, ed. Hashim Sarkis (Munich: Prestel, 2001), 118–26. On logistics and contemporary urbanism, see Susan Nigra Snyder and Alex Wall, "Emerging Landscape of Movement and Logistics," Architectural Design Profile, no. 134 (1998): 16–21; and Alejandro Zaera-Polo, "Order out of Chaos: The Material Organization of Advanced Capitalism," Architectural Design Profile, no. 108 (1994): 24–29.

17. Andrea Branzi, D. Donegani, A. Petrillo, and C. Raimondo, "Symbiotic Metropolis: Agronica," in The Solid Side, ed. Ezio Manzini and Marco Susani (Netherlands: V+K
193
Publishing / Philips, 1995), 101–20.

18. Andrea Branzi, "Preliminary Notes for a Master Plan," and "Master Plan Strijp Philips, Eindhoven 1999," Lotus, no. 107 (2000): 110–23.

19. Andrea Branzi, "The Weak Metropolis," "Ecological Urbanism" conference, Harvard Graduate School of Design, April 4, 2009; and Andrea Branzi, "For a Post-Environmentalism: Seven Suggestions for a New Athens Charter and the Weak Metropolis," in Ecological Urbanism, ed. Mohsen Mostafavi with Gareth Doherty (Zurich: Lars Müller; Cambridge, MA: Harvard Graduate School of Design, 2009), 110–13.

20. See Pier Vittorio Aureli and Martino Tattara, "Architecture as Framework: The Project of the City and the Crisis of Neoliberalism," New Geographies, no. 1 (September 2008): 38–51.

21. See Paola Viganò, La città elementare (Milan: Skira, 1999); Paola Viganò, ed., Territori della nuova modernita / Territories of a New Modernity (Napoli: Electa, 2001).

第八章　俯视表现和机场景观

The formulation "airport landscape" was the subject of an eponymous essay by geographer Denis Cosgrove. See Cosgrove, with paintings by Adrian Hemmings, "Airport/Landscape," in Recovering Landscape, ed. James Corner (New York: Princeton Architectural Press, 1999), 221–32. More recently the topic was the subject of an international conference and exhibition. See "Airport Landscape: Urban Ecologies in the Aerial Age," curated and convened by Charles Waldheim and Sonja Duempelmann, Harvard University Graduate School of Design, conference, November 14–15, 2013, and exhibition, October 30–December 19, 2013. Aspects of this argument were developed in Charles Waldheim, "Aerial Representation and the Recovery of Landscape," in Recovering Landscape: Essays in Contemporary Landscape Architecture, ed. James Corner (New York: Princeton Architectural Press, 1999), 120–39; and Charles Waldheim, "Airport Landscape," Log, no. 8 (September 2006): 120–30.

Epigraph: Denis Cosgrove, "Airport/Landscape," 227.

1. For an account of the development of landscape photography, see Joel Snyder, "Territorial Photography," in Landscape and Power, ed. W.J.T. Mitchell (Chicago: University of Chicago Press, 1994), 175–201.

2. Naomi Rosenblum, "Photography from the Air," in A World History of Photography (New York: Abbeville Press, 1984), 245–47.

3. Roland Barthes, "Authentication," in Camera Lucida (New York: Hill and Wang, 1981), 85–89.

4. Shelley Rice, "Souvenirs: Nadar's Photographs of Paris Document the Haussmannization of the City," Art in America 76 (September 1988): 156–71.

5. See Simon Baker, "San Francisco in Ruins: The 1906 Aerial Photographs of George R. Lawrence," Landscape 30, no. 2 (1989): 9–14. Also see Alan Fielding, "A Kodak in the Clouds," History of Photography 14, no. 3 (1990): 217–30.

6. Le Corbusier, Aircraft: The New Vision (London: The Studio, 1935), 5.

7. For a description of Le Corbusier's relation to the picturesque, see Sylvia Lavin, "Sacrifice and the Garden: Watelet's Essai sur les jardins and the Space of the Picturesque," Assemblage, no. 28 (1996): 16–33.

8. Karen Frome, "A Forced Perspective: Aerial Photography and Fascist Propaganda," Aperture, no. 132 (Summer 1993): 76–77.

9. Roy Behrens, Art and Camouflage: Concealment and Deception in Nature, Art, and War (Cedar Falls, IA: North American Review, 1981).

10. Jeffrey Richelson, America's Secret Eyes in Space (New York: Harper and Row, 1990).

11. Nick Chrisman, Charting the Unknown: How Computer Mapping at Harvard Became GIS (Redlands, CA: ESRI Press, 2006).

12. See ibid.

13. Carl Steinitz, A Framework for Geodesign: Changing Geography by Design (Redlands, CA: ESRI Press, 2012).
14. Ian McHarg, Design with Nature (Garden City, NJ: Natural History Press, 1969).
15. See Chrisman, Charting the Unknown.
16. Priscilla Strain and Frederick Engle, Looking at Earth (Atlanta: Turner Publishing, 1992).
17. The sentiment that representation already implies a renovation is evident in Foucault's histories of the social sciences. See Michel Foucault, "The Human Sciences," in The Order of Things, ed. R. D. Laing (New York: Vintage Books, 1970), 344–87. A more direct political critique of this effect can be found in James Scott, "State Projects of Legibility and Simplification," in Seeing Like a State (New Haven, CT: Yale University Press, 1998), 9–84.
18. James Corner and Alex MacLean, Taking Measures Across the American Landscape (New Haven, CT: Yale University Press, 1996).
19. James Corner, "The Agency of Mapping: Speculation, Critique, and Invention," in Mappings, ed. Denis Cosgrove (London: Reaktion, 1999), 213–52.
20. See Rosalind Krauss, "Sculpture in the Expanded Field," in The Anti-Aesthetic, ed. Hal Foster (Seattle: Bay Press, 1983), 31–42.
21. Leo Steinberg, "Other Criteria," in Other Criteria: Confrontations with Twentieth-Century Art (New York: Oxford University Press, 1972), 55–91.
22. Douglas Crimp, "On the Museum's Ruins," in The Anti-Aesthetic: Essays on Postmodern Culture, ed. Hal Foster (Seattle: Bay Press, 1983), 43–56.
23. Walter Benjamin, "The Work of Art in the Age of Mechanical Reproduction," in Illuminations, trans. Harry Zohn (New York: Schocken Books, 1969), 217–51.
24. See Richelson, America's Secret Eyes in Space.
25. See Cosgrove, "Airport/Landscape."
26. Robert Smithson, "Towards the Development of an Air Terminal Site," Artforum, no. 6 (June 1967): 36–40; and Robert Smithson, "Aerial Art," Studio International, no. 177 (April 1969): 180–81. This understanding of Smithson's interest in aerial representation has been illuminated by the research of Mark Linder. See Linder, "Sitely Windows: Robert Smithson and Architectural Criticism," Assemblage, no. 39 (1999): 6–35; which clarifies the relation between Smithson's work as an "artist-consultant" to the Dallas/Fort Worth International Airport and his subsequent development of the "non-site."
27. Dan Kiley and Jane Amidon, Dan Kiley: The Complete Works of America's Master Landscape Architect (Boston: Little, Brown, 1999); also see Sonja Dümpelmann, Flights of Imagination: Aviation, Landscape, Design (Charlottesville: University of Virginia Press, 2014).
28. Kiley and Amidon, Dan Kiley.
29. See http://www.o-l-m.net/zoom-projet.php?id=40 (accessed December 21, 2014).
30. Julia Czerniak, ed., CASE: Downsview Park Toronto (Cambridge, MA: Harvard University Graduate School of Design; Munich: Prestel, 2001).
31. Bernard Tschumi, "Downsview Park: The Digital and the Coyote," in Czerniak, CASE: Downsview Park Toronto, 82–89.
32. See Adriaan Geuze / West 8, "West 8 Landscape Architects," in Het Landschap / The Landscape: Four International Landscape Designers (Antwerpen: deSingel, 1995), 215–53; and Luca Molinari, ed., West 8 (Milan: Skira, 2000).
33. Luis Callejas, Pamphlet Architecture, no. 33 (2013).
34. Florian Hertweck and Sebastien Marot, eds., The City in the City / Berlin: A Green Archipelago (Zurich: Lars Müller, 2013).

第九章　视景观为建筑

Aspects of this argument were developed in Charles Waldheim, "Landscape as Architecture," Harvard Design Magazine, no. 36 (Spring 2013): 17–20; 177–78; and Charles Waldheim, "Afterword: The Persistent Promise of Ecological Planning," in Designed Ecologies: The Landscape Architecture of Kongjian Yu, ed. William S. Saunders (Basel: Birkhauser, 2012), 250–53.

Epigraph: The quote is from a paper Jellicoe delivered to the International Federation of Landscape Architects in 1960. In his address, Jellicoe argues that the profession is still searching for its identity, which should be "a single word, distinct from other fields, for all cultures." Geoffrey Jellicoe, "A Table for Eight," in Space for Living: Landscape Architecture and the Allied Arts and Professions, ed. Sylvia Crowe (Amsterdam: Djambatan, 1961), 18. Thanks to Gareth Doherty for bringing this to my attention.
1. Joseph Disponzio's work on this topic has been a rare exception in tracing the origins of the professional identity. His doctoral dissertation and subsequent publications offer the definitive account of the emergence of the French formulation architecte-paysagiste as the origin of professional identity of the landscape architect. See Disponzio, "The Garden Theory and Landscape Practice of Jean-Marie Morel" (PhD diss., Columbia University, 2000). See also Disponzio, "Jean-Marie Morel and the Invention of Landscape Architecture," in Tradition and Innovation in

French Garden Art: Chapters of a New History, ed. John Dixon Hunt and Michel Conan (Philadelphia: University of Pennsylvania Press, 2002), 135–59; and Disponzio, "History of the Profession," in Landscape Architectural Graphic Standards, ed. Leonard J. Hopper (Hoboken, NJ: Wiley and Sons, 2007), 5–9.
2. Disponzio, "Jean-Marie Morel and the Invention of Landscape Architecture," 151–52.
3. Ibid., 153.
4. Disponzio, "History of the Profession," 6–7.
5. Ibid., 5.
6. Charles E. Beveridge and David Schuyler, eds., The Papers of Frederick Law Olmsted, vol. 3, Creating Central Park, 1857–1861 (Baltimore: Johns Hopkins University Press, 1983), 26–28, 45, n73.
7. Ibid., 241, n11. See also Frederick Law Olmsted Sr., Forty Years of Landscape Architecture: Central Park, vol. 2, edited by Frederick Law Olmsted Jr. and Theodora Kimball (Cambridge, MA: MIT Press, 1973), 31; as well as Board of Commissioners of the Central Park, Minutes, October 21, 1858, 140; November 16, 1858, 148.
8. Beveridge and Schuyler, Olmsted Papers, vol. 3, Creating Central Park, 234–35.
9. Ibid., 256–57; 257, n4; 267, n1.
10. Olmsted, Forty Years of Landscape Architecture, 11, biographical notes; David Schuyler and Jane Turner Censer, eds., The Papers of Frederick Law Olmsted, vol. 6, The Years of Olmsted, Vaux & Co., 1865–1874 (Baltimore: Johns Hopkins University Press, 1992), 5; 46, n8.
11. Victoria Post Ranney, ed., The Papers of Frederick Law Olmsted, vol. 5, The California Frontier, 1863–1865 (Baltimore: Johns Hopkins University Press, 1990), 422.
12. Charles E. Beveridge, Carolyn F. Hoffman, and Kenneth Hawkins, eds., The Papers of Frederick Law Olmsted, vol. 7, Parks, Politics, and Patronage, 1874–1882 (Baltimore: Johns Hopkins University Press, 2007), 225–26.
13. Constitution of the American Society of Landscape Architects, adopted March 6, 1899. See also Melanie Simo, 100 Years of Landscape Architecture: Some Patterns of a Century (Washington, DC: ASLA Press, 1999).
14. See Disponzio, "History of the Profession," 6. See also Melanie L. Simo, The Coalescing of Different Forces and Ideas: A History of Landscape Architecture at Harvard, 1900–1999 (Cambridge, MA: Harvard University Graduate School of Design, 2000).
15. See Jellicoe, "A Table for Eight," 21.
16. Yu has received multiple national awards in China based in some measure on the reception of his work outside of China, including the Overseas Chinese Pioneer Achievement Medal (2003), the Overseas Chinese Professional Excellence Top Award (2004), and the National Gold Medal of Fine Arts (2004).
17. See Kongjian Yu, "Lectures to the Mayors Forum," Chinese Ministry of Construction, Ministry of Central Communist Party Organization, two to three lectures annually, 1997–2007; and Kongjian Yu and Dihua Li, The Road to Urban Landscape: A Dialogue with Mayors (Beijing: China Architecture and Building Press), 2003.
18. China's population in 1963 was approximately 80 percent rural, so it is not surprising that Yu's origins were agrarian. See Peter Rowe, "China's Water Resources and Houtan Park," in Designed Ecologies: The Landscape Architecture of Kongjian Yu, ed. William Saunders (Basel: Birkhauser, 2012), 184–90.
19. Kongjian Yu, interview with the author, January 20, 2011.
20. Beijing Forestry's library in landscape architecture and planning held English-language first-edition copies of Kevin Lynch's The Image of the City (1960), Ian McHarg's Design with Nature (1969), and Richard Forman's Landscape Ecology (with Michel Godron, 1986).
21. Carl Steinitz, interview with the author, January 20, 2011. See also Anthony Alofsin, The Struggle for Modernism: Architecture, Landscape Architecture, and City Planning at Harvard (New York: Norton, 2002), 299, n60.
22. Kongjian Yu, interview with the author, January 20, 2011.
23. Kongjian Yu, "Security Patterns in Landscape Planning: With a Case in South China" (doctoral thesis, Harvard University Graduate School of Design, May 1995). Yu makes a distinction between the recorded title of his doctoral thesis and that of his doctoral dissertation, "Security Patterns and Surface Model in Landscape Planning," advised by Professors Carl Steinitz, Richard Forman, and Stephen Ervin, and dated June 1, 1995.
24. Carl Steinitz, interview with the author, January 20, 2011. For more on the genealogy of Western conceptions of landscape planning that Steinitz made available to Yu, from Loudon and Lenné through Olmsted and Eliot, see Carl Steinitz, "Landscape Planning: A Brief History of Influential Ideas," Journal of Landscape Architecture (Spring 2008): 68–74.
25. Kongjian Yu, "Security Patterns and Surface Model in Landscape Planning," Landscape and Urban Planning 36, no. 5 (1996): 1–17; and Kongjian Yu, "Ecological Security Patterns in Landscape and GIS Application," Geographic Information Sciences 1, no. 2 (1996): 88–102.
26. For more on Yu/Turenscape's regional planning projects, see Kelly Shannon, "(R)evolutionary Ecological Infrastructures," in Saunders, Designed Ecologies: The

Landscape Architecture of Kongjian Yu, 200–210.

结 论 从景观到生态

Aspects of this argument were developed in Charles Waldheim, "Weak Work: Andrea Branzi's 'Weak Metropolis' and the Projective Potential of an 'Ecological Urbanism,' " in Ecological Urbanism, ed. Mohsen Mostafavi with Gareth Doherty (Zurich: Lars Müller; Cambridge, MA: Harvard Graduate School of Design, 2010), 114–21; Charles Waldheim, "Landscape, Ecology, and Other Modifiers to Urbanism" Topos: The International Review of Landscape Architecture and Urban Design, no. 71 (June 2010): 21–24; and Charles Waldheim, "The Other '56," in Urban Design, ed. Alex Krieger and William Saunders (Minneapolis: University of Minnesota Press, 2009), 227–36.

Epigraph: Roland Barthes, "From Work to Text," in Image Music Text, trans. Stephen Heath (New York: Hill and Wang, 1977), 155.

1. On the origins of urban design at Harvard, see Eric Mumford, "The Emergence of Urban Design in the Breakup of CIAM," in Urban Design, ed. Alex Kreiger and William Saunders (Minneapolis: University of Minnesota Press, 2009).
2. Mohsen Mostafavi, "Introduction," "Ecological Urbanism" conference, Harvard University Graduate School of Design, April 3, 2009.
3. Ibid.
4. Barthes, "From Work to Text," 155.
5. Homi Bhabha, "Keynote Lecture," "Ecological Urbanism" conference, Harvard University Graduate School of Design, April 3, 2009.
6. Ibid.
7. Chris Reed and Nina-Marie Lister, eds., Projective Ecologies (Barcelona: Actar; Cambridge, MA: Harvard University Graduate School of Design, 2014).
8. See Mostafavi and Doherty, Ecological Urbanism.
9. Christopher Hight, "Designing Ecologies," in Reed and Lister, Projective Ecologies, 84–105.
10. Henri Lefebvre, The Urban Revolution, trans. Robert Bononno (Minneapolis: University of Minnesota Press, 2003).
11. Reed and Lister, "Parallel Genealogies," in Reed and Lister, Projective Ecologies, 22–39.
12. Peter Eisenman, "Post-Functionalism," Oppositions 6 (Fall 1976): 236–39.
13. Scott Cohen has been among the voices articulating such a position in recent years. See, for example, Cohen's recent Return of Nature project: Preston Scott Cohen and Erika Naginski, eds., The Return of Nature: Sustaining Architecture in the Face of Sustainability (New York: Routledge, 2014).
14. The debates around "criticality" and the "postcritical" have been well documented. See Michael Speaks, "Design Intelligence Part 1: Introduction," A+U Architecture and Urbanism (December 2002): 10–18; Robert Somol and Sarah Whiting, "Notes around the Doppler Effect and Other Moods of Modernism," Perspecta, no. 33 (2002): 72–77; George Baird, "Criticality and Its Discontents," Harvard Design Magazine, no. 21 (Fall 2004): 16–21.
15. An early account of landscape's shift "from appearance to performance" can be found in Julia Czerniak, "Challenging the Pictorial: Recent Landscape Practice," Assemblage, no. 34 (December 1997): 110–20.

图片来源

概 述 从图像到领域

篇章总图 Canadian Centre for Architecture, Montreal, gift of Alfred Caldwell

第一章 视景观为都市主义

篇章总图 Office for Metropolitan Architecture
图 1.1 Office for Metropolitan Architecture
图 1.2 Office for Metropolitan Architecture
图 1.3 West 8
图 1.4 West 8
图 1.5 West 8
图 1.6 West 8
图 1.7 West 8
图 1.8 West 8
图 1.9 West 8
图 1.10 James Corner Field Operations
图 1.11 James Corner Field Operations
图 1.12 James Corner Field Operations
图 1.13 James Corner Field Operations
图 1.14 James Corner Field Operations
图 1.15 Stoss Landscape Urbanism
图 1.16 Stoss Landscape Urbanism
图 1.17 Stoss Landscape Urbanism

第二章 自主性，不确定性，自组织

篇章总图 Office for Metropolitan Architecture
图 2.1 Museum of Modern Art, New York, and SCALA / Art Resource, New York
图 2.2 Stan Allen Architect
图 2.3 Fundació Enric Miralles, Barcelona
图 2.4 Fundació Enric Miralles, Barcelona
图 2.5 Fundació Enric Miralles, Barcelona
图 2.6 Foreign Office Architects
图 2.7 Foreign Office Architects
图 2.8 Foreign Office Architects
图 2.9 Foreign Office Architects
图 2.10 Foreign Office Architects
图 2.11 Foreign Office Architects
图 2.12 James Corner Field Operations
图 2.13 James Corner Field Operations
图 2.14 West 8
图 2.15 West 8

第三章 规划，生态，景观的出现

篇章总图 James Corner Field Operations
图 3.1 James Corner Field Operations
图 3.2 James Corner Field Operations
图 3.3 Michael Van Valkenburgh Associates
图 3.4 Michael Van Valkenburgh Associates
图 3.5 Michael Van Valkenburgh Associates
图 3.6 Gustafson Guthrie Nichol
图 3.7 Gustafson Guthrie Nichol
图 3.8 Waterfront Toronto
图 3.9 West 8
图 3.10 West 8
图 3.11 West 8
图 3.12 Michael Van Valkenburgh Associates
图 3.13 Michael Van Valkenburgh Associates
图 3.14 Michael Van Valkenburgh Associates
图 3.15 Groundlab
图 3.16 Groundlab
图 3.17 Groundlab

第四章 后福特主义经济和物流景观

篇章总图 Alex Wall
图 4.1 Alan Berger
图 4.2 Alan Berger
图 4.3 James Corner Field Operations
图 4.4 James Corner Field Operations
图 4.5 Palmbout Urban Landscape
图 4.6 Palmbout Urban Landscape
图 4.7 West 8
图 4.8 West 8
图 4.9 West 8
图 4.10 West 8
图 4.11 Stan Allen Architect
图 4.12 James Corner Field Operations
图 4.13 Andrea Branzi
图 4.14 Andrea Branzi
图 4.15 Andrea Branzi

第五章　城市危机和景观起源

篇章总图 Gregory Crewdson
图 5.1 Richard Plunz and Architecture Magazine
图 5.2 Detroit City Planning Commission
图 5.3 Dan Hoffman
图 5.4 Alex MacLean
图 5.5 American Academy in Rome
图 5.6 American Academy in Rome
图 5.7 American Academy in Rome
图 5.8 American Academy in Rome
图 5.9 British Museum, London
图 5.10 Ashmolean Museum, University of Oxford
图 5.11 British Museum, London
图 5.12 Musée du Louvre, Paris, and Erich Lessing / Art Resource, New York
图 5.13 British Museum, London
图 5.14 British Museum, London
图 5.15 British Museum, London

第六章　城市秩序和结构的变革

篇章总图 Art Institute of Chicago, Ryerson and Burnham Archives
图 6.1 Sanborn Fire Insurance Company
图 6.2 Journal of the American Planning Association
图 6.3 Chicago History Museum, Hedrich Blessing Archive
图 6.4 Chicago History Museum, Hedrich Blessing Archive
图 6.5 Chicago History Museum, Hedrich Blessing Archive
图 6.6 Chicago History Museum, Hedrich Blessing ArchiveCredits
图 6.7 Chicago History Museum, Hedrich Blessing 205Archive
图 6.8 Art Institute of Chicago, Ryerson and Burnham Archives
图 6.9 Chicago History Museum Hedrich Blessing Archive
图 6.10 Chicago History Museum, Hedrich Blessing Archive
图 6.11 Janine Debanne
图 6.12 Chicago History Museum, Hedrich Blessing Archive
图 6.13 Chicago History Museum, Hedrich Blessing Archive
图 6.14 Art Institute of Chicago, Ryerson and Burnham Archives
图 6.15 Art Institute of Chicago, Ryerson and Burnham Archives
图 6.16 Art Institute of Chicago, Ryerson and Burnham Archives
图 6.17 Architectural Design

第七章　农业都市主义和俯视的主题

篇章总图 Art Institute of Chicago, Ryerson and Burnham Archives
图 7.1 Frank Lloyd Wright Archives, Scottsdale, Arizona
图 7.2 Frank Lloyd Wright Archives, Scottsdale, Arizona
图 7.3 Frank Lloyd Wright Archives, Scottsdale, Arizona
图 7.4 Frank Lloyd Wright Archives, Scottsdale, Arizona
图 7.5 Canadian Centre for Architecture, Montreal, gift of Alfred Caldwell
图 7.6 Art Institute of Chicago, Ryerson and Burnham Archives
图 7.7 Art Institute of Chicago, Ryerson and Burnham Archives
图 7.8 Andrea Branzi
图 7.9 Andrea Branzi
图 7.10 Andrea Branzi
图 7.11 Andrea Branzi
图 7.12 Andrea Branzi
图 7.13 Andrea Branzi
图 7.14 Dogma
图 7.15 Dogma

第八章　俯视表现和机场景观

篇章总图 Artists Rights Society, New York
图 8.1 Bibliothèque Nationale, Paris
图 8.2 Fondation Le Corbusier, Paris
图 8.3 NASA
图 8.4 Harvard Graduate School of Design, Loeb Library
图 8.5 Harvard Graduate School of Design, Loeb Library
图 8.6 University of Pennsylvania, Architectural Archives, McHarg Collection
图 8.7 University of Pennsylvania, Architectural Archives, McHarg Collection
图 8.8 James Corner Field Operations
图 8.9 James Corner Field Operations
图 8.10 Henry N. Abrams Family Collection

图 8.11 Harvard Graduate School of Design,Loeb Library; art
© Holt Smithson
Foundation / Licensed by VAGA, New York, NY
图 8.12 Harvard Graduate School of Design, Loeb Library
图 8.13 Harvard Graduate School of Design, Loeb Library
图 8.14 Office of Landscape Morphology
图 8.15 Bernard Tschumi Architects
图 8.16 Bernard Tschumi Architects
图 8.17 Luis Callejas
图 8.18 Luis Callejas
图 8.19 Luis Callejas

第九章 视景观为建筑

篇章总图 New York Public Library
图 9.1 Harvard Graduate School of Design, Loeb Library
图 9.2 Harvard Graduate School of Design, Loeb Library
图 9.3 Harvard Graduate School of Design, Loeb Library
图 9.4 Olmsted Archives
图 9.5 Museum of the City of New York
图 9.6 Bibliothèque Nationale, Paris
图 9.7 Bibliothèque Nationale, Paris
图 9.8 New York Public Library
图 9.9 New York Public Library
图 9.10 Olmsted Archives
图 9.11 Olmsted Archives
图 9.12 Olmsted Archives
图 9.13 Boston Public Library
图 9.14 Turenscape

结 语 从景观到生态

篇章总图 Dogma

译后记

景观都市主义理论自 20 世纪末提出以来，在全球范围内掀起波澜并受到许多学者的推崇，却一直未见一部系统全面的理论著作，许多学者只是从不同的视角阐述对该理论的解读。与以往的文集或短文形式不同，本书是景观都市主义理论研究领域的第一部专著，分别从理论和实践、经济和政治、主题和表现三个层面系统梳理景观都市主义思想的发展和演变历史。在当下景观行业迅速发展并获得广泛关注的中国，本书无疑为国内同仁在通过景观视角思考当代城市建设和发展方面提供了重要的理论参考。

在本书翻译过程中，刘立颖编辑给予了充分信任和支持。同时，哈佛大学设计学院查尔斯·瓦尔德海姆教授通过电子邮件对本书中关键问题进行了详细的解释，在此表示衷心的感谢。本书的翻译工作主要由我和夏宇负责，历时近一年时间，交稿之前主要分为三个阶段：第一阶段强调英汉直译，几位景观设计专业的研究生也参与其中（包括清华大学的詹皓安、向鹏天、吕子欣、钱晨，西北农林科技大学的罗嘉诚、张丹婷，以及北京大学的李羿蒲）；第二阶段进行意译和语句表达以及专业词汇翻译的统稿；第三阶段进行全书的统筹审校。

陈崇贤

2017 年秋于清华园

图书在版编目（CIP）数据

景观都市主义 从起源到演变 /（美）查尔斯·瓦尔德海姆著；陈崇贤，夏宇译．-- 南京：江苏凤凰科学技术出版社，2018.3
ISBN 978-7-5537-8968-2

Ⅰ．①景… Ⅱ．①查… ②陈… ③夏… Ⅲ．①景观设计 Ⅳ．①TU986.2

中国版本图书馆 CIP 数据核字 (2018) 第 006055 号

景观都市主义 从起源到演变

著　　者　[美] 查尔斯·瓦尔德海姆
译　　者　陈崇贤　夏　宇
项目策划　凤凰空间／刘立颖
责任编辑　刘屹立　赵　研
特约编辑　刘立颖

出版发行　江苏凤凰科学技术出版社
出版社地址　南京市湖南路 1 号 A 楼，邮编：210009
出版社网址　http://www.pspress.cn
总　经　销　天津凤凰空间文化传媒有限公司
总经销网址　http://www.ifengspace.cn
印　　刷　北京建宏印刷有限公司

开　　本　710 mm×1 000 mm　1/16
印　　张　15.75
字　　数　260 000
版　　次　2018 年 3 月第 1 版
印　　次　2024年 1 月第 2 次印刷

标准书号　ISBN 978-7-5537-8968-2
定　　价　69.00 元

图书如有印装质量问题，可随时向销售部调换（电话：022-87893668）。